高等职业教育课程改革系列教材

模拟电子技术项目式教程

主　编　孙晓明

副主编　管　旭

参　编　蔡新梅　王　欣　宋立范　冯海侠

机械工业出版社

本书以高职高专人才培养为目标，按照"项目导向、任务驱动、教学做一体化"的模式来编写。全书内容包括常用半导体器件的识别与检测、放大电路的认识及应用、集成运算放大器的认识及应用、低频功率放大电路的认识及应用、信号产生电路的认识及应用、直流稳压电源的认识及应用共 6 个项目。本书遵循由浅入深、循序渐进的教育规律，每个项目中又增加了专项技能训练环节，将模拟电子技术与实用电子产品的制作过程相结合，突出实用性。

本书可作为高职高专电气自动化技术、机电一体化技术、应用电子技术等专业的教材，也可供有关专业的工程技术人员和电子爱好者学习和参考。

为方便教学，本书有电子课件、思考与练习答案、模拟试卷及答案等教学资源，凡选用本书作为授课教材的学校，均可通过电话（010-88379564）或 QQ（2314073523）索取，有任何技术问题也可通过以上方式联系。

图书在版编目（CIP）数据

模拟电子技术项目式教程/孙晓明主编 . —北京：机械工业出版社，2018.12（2021.1 重印）
高等职业教育课程改革系列教材
ISBN 978-7-111-61341-1

Ⅰ.①模⋯ Ⅱ.①孙⋯ Ⅲ.①模拟电路-电子技术-高等职业教育-教材 Ⅳ.①TN710.4

中国版本图书馆 CIP 数据核字（2018）第 259875 号

机械工业出版社（北京市百万庄大街 22 号 邮政编码 100037）
策划编辑：曲世海 责任编辑：曲世海 冯睿娟
责任校对：张 薇 封面设计：陈 沛
责任印制：常天培
固安县铭成印刷有限公司印刷
2021 年 1 月第 1 版第 2 次印刷
184mm×260mm · 11.5 印张 · 282 千字
标准书号：ISBN 978-7-111-61341-1
定价：34.00 元

电话服务　　　　　　　　网络服务
客服电话：010-88361066　　机 工 官 网：www.cmpbook.com
　　　　　010-88379833　　机 工 官 博：weibo.com/cmp1952
　　　　　010-68326294　　金 书 网：www.golden-book.com
封底无防伪标均为盗版　机工教育服务网：www.cmpedu.com

　　为了更好地适应高职高专教育教学改革和发展的需要，有效提高教育教学质量，本着为企业培养具有必要理论知识和较强实践能力的高技能人才的培养目标，编写了这本以项目为导向、采用任务驱动式、集"教、学、做"于一体的教材。

　　模拟电子技术既是一门理论性较强的专业基础课，也是一门紧贴实际工作的应用技术。本书将理论和实践紧密结合、应用能力与创新能力紧密结合，采用以项目为导向、任务驱动、教学做一体化的教学法，力求强化学生的识图和实践动手能力。

　　本书的编写具有以下特点：

　　1. 在编写过程中，力求使知识内容更贴近职业技能的需要，以实践知识为重点，以理论知识为背景。

　　2. 既突出学生实践动手能力和应用能力的培养，又重视学生理论知识的积累，将知识点和能力有机结合在一起。

　　3. 在教学内容上，遵循由浅入深、循序渐进的教学规律，既突出理论性，又重视实用性。

　　4. 在学生能力培养上，本书按照"认识—分析—制作"能力递进的规律，对不同的项目，提出不同的要求，目标明确，符合学生的学习规律和认知规律。

　　5. 加强了技能训练的自我考评，通过考评强化学生在实际应用中的规范性，提高学生的职业素养。

　　本书由孙晓明任主编，管旭任副主编。具体编写分工如下：孙晓明编写了项目1和项目3，管旭编写了项目4、项目5和项目6，蔡新梅编写了项目2中的任务1~任务3，王欣编写了项目2中的任务6~任务8、专项技能训练和思考与练习，冯海侠编写了项目2中的任务4和任务5，宋立范编写了绪论和附录。全书由孙晓明统稿。本书在编写过程中，参阅了许多同行专家的论著文献，同时得到了同事的大力支持和帮助，在此一并表示衷心的感谢！

　　由于编者水平有限，书中难免会存在一些缺点和不足，真诚希望广大读者批评指正。

编　者

目　录

绪　　论

电子技术是 19 世纪末、20 世纪初发展起来的，在现代工业、农业、交通、通信、国防以及日常生活中的应用极其广泛。现代一切新的科学技术的发展无不与电子技术的应用有着密切的联系。电子技术已经成为科学技术发展的一个重要标志。

1. 电子技术的发展史

（1）电子管阶段　电子管阶段是从 1904 年开始的，以电子管为标志，其外形如图 0-1 所示。1904 年，世界上第一只电子二极管在英国物理学家弗莱明的手下诞生了，这使爱迪生效应具有了实用价值，弗莱明也为此获得了这项发明的专利权。

在这一阶段诞生了无线电广播通信产业，通信产业得到了发展。此阶段的标志性产品是 1946 年美国研制成功的世界上第一台电子计算机（ENIAC），如图 0-2 所示。由于它采用了电子线路来执行算术运算、逻辑运算和信息存储，从而大大提高了运算速度。ENIAC 每秒可进行 5000 次加法和减法运算，它最初被专门用于弹道运算，后来经过多次改进成为能进行各种科学计算的通用电子计算机。

图 0-1　电子管外形

图 0-2　ENIAC

（2）晶体管阶段　晶体管阶段为 1947 年到 1958 年，以晶体管为标志。1947 年美国贝尔实验室的肖克利等三位科学家发明了世界上第一只晶体管，如图 0-3 所示。这三位科学家因此获得了诺贝尔物理学奖。第一只晶体管的问世，标志着电子技术的发展进入第二阶段。

晶体管以其小巧、轻便、省电、寿命长等特点，很快被应用，在很大范围内取代了电子管。半导体进入电子领域，促进了广播电视和通信产业的高速发展，使得计算机小型化成为现实，实现了人造地球卫星的升空，预示了宇宙空间的探索即将开始，同时电子产品也逐渐由科研和军用领域向民用领域普及。

（3）集成电路阶段　集成电路阶段是从 1958 年开始的，以集成电路为标志。1958 年美国德州仪器公司和仙童公司研制成了第一个集成电路，如图 0-4 所示。集成电路实现了材料、元器件、电路之间的统一，使电子产品向小型化发展。集成电路的出现和应用，标志着电子技术发展到了一个新的阶段，大大推动了通信技术、计算机技术、网络技术及家用电器产业的迅速发展。

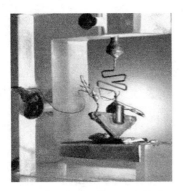
图 0-3　世界上第一只晶体管

图 0-4　第一个集成电路

（4）SoC 阶段　随着电子系统不断的发展，对电路的速度和功耗要求越来越高。目前已经生产出可以将整个系统集成在一个微电子芯片上的系统芯片（System on Chip，SoC）。SoC 技术的出现，促进了软、硬件协同设计及计算机系统设计智能化的发展。当今时代微电子技术已成为整个信息社会发展的基石。

2. 电子技术的应用

电子技术在国防、科学、工业、医学、通信（信息处理、传输和交流）及文化生活等各个领域中都起着巨大的作用。可以说，电子技术无处不在，家居、计算机、大规模生产的工业流水线、因特网、工业机器人、航天飞机、宇宙探测仪等都包含电子技术，如图 0-5 所示。可以说，人们现在生活在电子世界中，一天也离不开它。

图 0-5　电子技术的应用

3. 本课程的学习方法

"模拟电子技术"是一门理论性和实用性都比较强的课程，其内容广泛，对初学者来说常感到新的概念和电路的形式多，不易掌握。针对这种情况，下面对如何学好本课程提出几点建议：

1）要牢固掌握基础理论知识，勤于思考、循序渐进、举一反三，注意各部分知识的内在联系。对于抽象的概念要弄清其物理意义，要注意掌握推演和运算过程的物理含义及分析方法，不要死记硬背。

2）理论与实际紧密结合，既要联系实际思考理论问题，又要学会利用理论来分析实际问题。必须重视实验、实训，通过实验巩固和加深对书本知识的理解。通过一定的电路制作把所学到的理论知识应用到实际工程之中，掌握一些基本的电子技术操作和仪表使用等技能。通过实践训练，培养基本硬件设计能力。

3）要掌握好重点。对教学大纲中规定的电类专业的工程技术人员必须具备的电子电气知识，应切实掌握，既要注意通用性，又要有一定的针对性。

4）实验、实训要认真仔细做，积极动手，善于动脑，遵守规程，注意安全。能根据所学的理论知识进行一些课外科技小制作，通过典型电路及实际工程系统项目的设计与制作等训练，不断积累经验，提高技能。

模拟电子技术是整个电子技术和电力技术的基础，在信号放大、功率放大、整流稳压、模拟量反馈、混频、调制解调电路等领域具有无法替代的作用。"模拟电子技术"虽然是一门具有挑战性的专业基础课程，但只要亲近它、热爱它，相信付出就一定会取得收获。

项目1　常用半导体器件的识别与检测

半导体器件是电子电路中具有独立电气功能的基本单元，在电子信息产品中占有极为重要的地位。因为电子线路的性能指标的高低，在很大程度上取决于所采用的电子元器件，所以半导体器件以其特殊的导电性被广泛应用于电子电路中。常用的半导体器件有二极管、晶体管和场效应晶体管等。图1-1所示为常用半导体器件。认识半导体器件，掌握其导电性能，并在制作电子产品中合理地选用和检测半导体器件是一个电子工程技术人员必备的技能。

本项目将从认识半导体材料开始，着重介绍半导体器件的特性及应用。学习中主要着眼于"管为路用"，为半导体器件在电路中的使用打下基础。

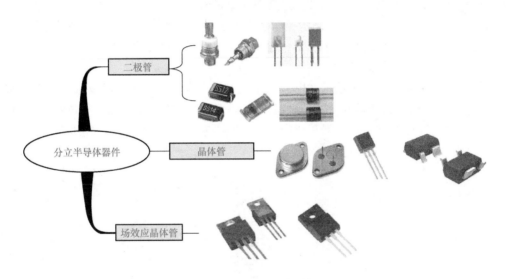

图1-1　常用半导体器件

知识目标：

1. 掌握半导体及其导电性能。
2. 掌握常用半导体器件二极管、晶体管等的工作原理。
3. 了解常用半导体器件的基本应用。

技能目标：

1. 能熟练使用万用表，学会识别、检测半导体器件的方法。
2. 能合理选择和正确使用半导体器件。

任务1　认识半导体

任务要求：

1. 了解半导体中两种载流子的导电作用。
2. 了解 P 型和 N 型半导体的特点。
3. 了解半导体的导电性能和温度的关系。
4. 掌握 PN 结的单向导电特性。

自然界的物质，按导电能力的强弱可分为导体、绝缘体和半导体（Semiconductor）三类。导电能力很强的物质称为导体。金属一般都是导体，如铜、铝、铁等。绝缘体是导电能力极弱的物质。橡胶、塑料、陶瓷、石英等都是绝缘体。半导体是导电能力介于导体和绝缘体之间的物质，如硅、锗、硒、砷化镓等都属于半导体。

1.1　半导体的特性

1. 热敏特性

金属的电阻率随温度变化很小，而半导体的导电能力对温度变化反应灵敏。利用这种特性可以制成各种半导体热敏元器件，如半导体热敏电阻。以半导体热敏电阻为探测元件的温度传感器应用广泛，这是因为在元器件允许工作条件范围内，半导体热敏电阻具有体积小、灵敏度高、准确度高的特点，而且制造工艺简单、价格低廉。

2. 光敏特性

金属的导电性能不受光照的影响，但半导体在光照的作用下，其导电性能会发生变化。利用这种特性可以将半导体制成各种光敏元器件，例如光敏电阻、光敏二极管。半导体光敏元器件广泛应用于精密测量、光通信、计算技术、摄像、遥感、机器人、质量检查、安全报警以及其他测量和控制装置中。

3. 掺杂特性

金属中含有少量杂质时，电阻率没有显著变化。但若在纯净的半导体中加入微量杂质，其电阻率会发生很大变化，导电能力可增加几十万乃至几百万倍。利用这种特性可制成半导体二极管、晶体管、场效应晶体管及晶闸管等各种不同用途的半导体器件。

为什么半导体会有这些不同于其他物质的特点呢？这要从其原子结构去分析。

1.2　本征半导体

完全纯净的半导体称为本征半导体（Intrinsic Semiconductor）。常用的半导体材料是单晶硅（Si）和单晶锗（Ge）。所谓单晶，是指整块晶体中的原子按一定规则整齐排列着的晶体。由于相邻原子间的距离很小，因此相邻两个原子的一对最外层电子（即价电子）不但各自围绕自身所属的原子核转动，而且出现在相邻原子所属的轨道上，成为共用电子，这样的组合称为共价键结构，如图1-2所示。

本征半导体在环境温度升高或受到光照时产生本征激发，形成自由电子（Free Electron）和空穴（Hole），如图1-3所示，自由电子带负电，空穴带正电。本征激发产生的自由电子和空穴成对出现，数量取决于环境温度的高低，所以本征半导体器件的性能受温度影响。

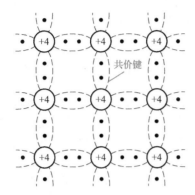 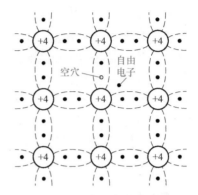

图1-2　本征半导体结构示意图　　　图1-3　本征半导体中的自由电子和空穴

在无外电场作用的情况下，当温度一定时，自由电子和空穴的产生与复合将达到动态平衡，自由电子和空穴的浓度一定。

在外电场作用下，自由电子将做定向移动，相邻的价电子填补空穴而形成空穴移动，这种现象称为漂移。半导体中自由电子和空穴都能导电，称为载流子（Carrier）。

1.3　P型半导体和N型半导体

本征半导体虽有自由电子和空穴两种载流子，但由于数量极少，导电能力很弱。如果在其中掺入微量的杂质（某种元素），就会使掺杂后的半导体（称为杂质半导体）的导电能力显著增强。根据掺入的杂质不同，杂质半导体可分为N型和P型两大类。

1. P型半导体

在本征半导体中掺入微量三价元素，如硼（B）、铟（In）等，在与周围四个半导体原子形成共价键时，每个杂质元素都可以提供一个空穴，因此在半导体内就产生了大量空穴，这种半导体称为P（Positive）型半导体，如图1-4a所示。

在P型半导体中，空穴是多数载流子，简称"多子"，电子是少数载流子，简称"少子"。但整个P型半导体是呈现电中性的。P型半导体在外界电场作用下，空穴电流远大于电子电流。P型半导体是以空穴导电为主的半导体，所以它又被称为空穴型半导体。

2. N型半导体

如果在本征半导体中掺入微量五价元素，如磷（P）、砷（As）等，其中杂质元素的四个价电子与周围的四个半导体原子形成共价键，第五个价电子很容易脱离原子的束缚成为自由电子，因此在半导体内会产生许多自由电子，这种半导体称为N（Negative）型半导体，如图1-4b所示。

在 N 型半导体中,自由电子数远大于空穴数,所以 N 型半导体的多子是自由电子,少子是空穴。但整个 N 型半导体是呈现电中性的。N 型半导体在外界电场作用下,电子电流远大于空穴电流。N 型半导体是以电子导电为主的半导体,所以它又被称为电子型半导体。

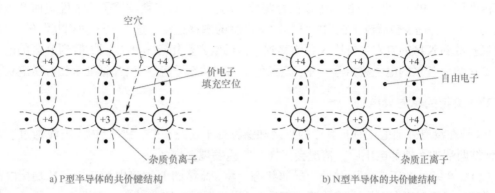

a) P型半导体的共价键结构　　　　b) N型半导体的共价键结构

图 1-4　P 型和 N 型半导体

在 P 型和 N 型两种杂质半导体中,多子是主要导电媒介,数量取决于杂质含量;少子是本征激发产生的,数量取决于环境温度。虽然含有数量不同的两种载流子,但整体上电量平衡,对外不显电性(即呈电中性)。

1.4　PN 结及其单向导电特性

虽然 P 型和 N 型半导体的导电能力比本征半导体增强了许多,但并不能直接用来制造半导体器件。采用一定的掺杂工艺,将 P 型半导体与 N 型半导体制作在同一块硅片上,在它们的交界面就会形成 PN 结。PN 结具有单向导电性,它是构成各种半导体器件的基础。

1. PN 结的形成

当把 P 型半导体和 N 型半导体制作在一起时,在它们的交界面,两种载流子的浓度差很大,因而 P 区空穴必然向 N 区扩散,N 区自由电子也必然向 P 区扩散,产生载流子扩散运动。由于扩散到 P 区的自由电子与空穴复合,而扩散到 N 区的空穴与自由电子复合,所以在交界面附近多子的浓度下降,P 区出现负离子区,N 区出现正离子区。PN 结中间的离子区称为空间电荷区,如图 1-5 所示。

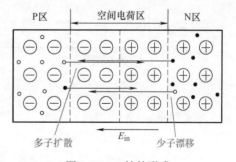

图 1-5　PN 结的形成

在空间电荷区内,多数载流子已扩散到对方并被复合掉了,或者说消耗尽了,所以空间电荷区也称为耗尽层,它的电阻率很高。正负离子在空间电荷区形成一个电场,称为内电场。由于内电场的方向与扩散运动的方向相反,即对多数载流子(P 区的空穴和 N 区的自由电子)的扩散起阻挡作用,所以空间电荷区又称为阻挡层。

虽然内电场阻碍多数载流子的扩散运动,但对少数载流子(P 区的电子和 N 区的空穴)

越过空间电荷区进入对方区域起着推动作用。这种少数载流子在内电场作用下有规则的运动称为漂移运动。漂移运动使交界面两侧 P 区和 N 区由于扩散运动而失去的空穴和电子得到一些补充，其作用与扩散运动相反。

由此可见，PN 结的形成过程中存在着两种运动：一种是多数载流子因浓度差而产生的扩散运动，另一种是少数载流子在内电场作用下产生的漂移运动。这两种运动相互制约，最终，从 P 区扩散到 N 区的空穴数与从 N 区漂移到 P 区的空穴数相等，从 N 区扩散到 P 区的电子数与从 P 区漂移 N 区的电子数相等，在一定条件下达到动态平衡，使 PN 结处于相对稳定状态。

2. PN 结的单向导电性

PN 结在没有外加电压时，其中的扩散和漂移处于动态平衡，PN 结内无电流通过。那么在 PN 结两端加上外部电压后，情况会怎样？实验发现：

（1）PN 结外加正向电压时处于导通状态　将 PN 结的 P 端接电源正极，N 端接电源负极，称 PN 结外加正向电压（或称正向偏置），形成正向电流，灯亮，如图 1-6a 所示。外加正向偏置电压稍微增加，则正向电流便迅速上升，结电压很低，PN 结呈现的正向电阻很小，称为正向导通。

（2）PN 结外加反向电压时处于截止状态　将 PN 结的 P 端接电源负极，N 端接电源正极，称 PN 结外加反向电压（或称反向偏置），形成反向电流，由于漂移运动是由少子形成的，数量很少，所以反向电流很小，几乎可以忽略不计，结电压近似等于电源电压，呈现的反向电阻值很大，称为反向截止，灯灭，如图 1-6b 所示。反向电流受温度影响较大，在一定的温度下，热激发产生的少子浓度一定，与外加电压无关，故又称反向饱和电流。

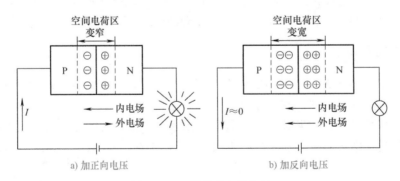

a) 加正向电压　　　　　　　　　　b) 加反向电压

图 1-6　PN 结的单向导电性

综上所述，PN 结加正向电压时，PN 结导通，正向电阻小，电流较大；PN 结加反向电压时，PN 结截止，反向电阻大，电流非常小。因此，PN 结具有单向导电性。

任务2　认识半导体二极管

任务要求：

1. 掌握半导体二极管的特性曲线。
2. 掌握半导体二极管、稳压管的主要参数、使用注意事项。

3. 了解半导体二极管、稳压管的选用方法及应用。

4. 了解器件手册的查阅方法及选管原则。

5. 掌握二极管的测试方法（通过实验进行）。

2.1　半导体二极管的结构和符号

半导体二极管实质上就是一个 PN 结。在 PN 结的两区装上电极引线，外部用塑料、玻璃或金属外壳封装起来，就形成半导体二极管，简称二极管。由 P 区引出的电极为正极（或称为阳极），由 N 区引出的电极为负极（或称为阴极）。二极管就像是单向的阀门，只允许电流流向一个方向。因此二极管具有单向导电作用。常见的封装形式如图 1-7 所示。

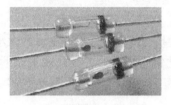　　

玻璃封装　　　　　　　　　塑料封装　　　　　　　　　金属封装

图 1-7　二极管的常见封装形式

按照结构工艺的不同，二极管的几种常见结构及符号如图 1-8 所示。

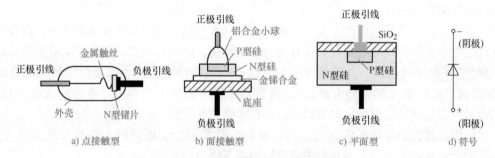

a) 点接触型　　　b) 面接触型　　　c) 平面型　　　d) 符号

图 1-8　二极管的几种常见结构及符号

点接触型二极管，多用于高频信号的检波、脉冲电路以及小功率的整流器中；面接触型二极管，多用于低频大电流的整流器中；平面型二极管用于大功率整流器中。根据所用半导体材料的不同，二极管又分为锗管和硅管两类。目前大容量的整流元器件一般都采用硅材料。电路符号中，箭头指向为正向导通电流方向，二极管的文字符号为 VD。

2.2　半导体二极管的伏安特性

为了正确地使用二极管，需要了解加在二极管两端的电压与流过二极管的电流之间的关系特性曲线，又称伏安特性曲线，图 1-9 所示为二极管的伏安特性曲线。

1. 正向特性

当二极管外加正向电压时，正向电压从 0 开始增加的一段，由于外加电压很低，这时的正向电流几乎为零。这一段电压称为"死区电压"。硅管的死区电压为 0~0.5V（图 1-9 中

OA 段），锗管为 0 ~ 0.2V（图 1-9 中 OA' 段），当外加电压超过死区电压后，电流才随端电压按指数规律增加。二极管呈现较小的正向电阻。此时二极管完全导通，如图 1-9 所示的 AB（或 $A'B'$）段。一般硅管正向导通压降为 0.7V，锗管为 0.3V。

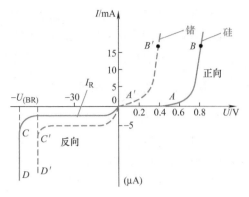

图 1-9 二极管的伏安特性曲线

2. 反向特性

当二极管外加反向电压时，少数载流子的漂移运动形成很小的反向电流，如图 1-9 中 OC（或 OC'）段。反向电流有两个特点：一是具有正温度特性，即随温度的升高而增大；二是在反向电压不超过某一范围时，反向电流的大小基本恒定，故称为反向饱和电流。一般硅管的反向饱和电流比锗管小，前者在几微安以下，而后者可达数百微安。

3. 反向击穿特性

当外加反向电压过高时，如图 1-9 中 CD（或 $C'D'$）段所示。反向电流突然增大，二极管失去单向导电性，这种现象称为 PN 结的反向击穿（或称为电击穿）。产生击穿时的反向电压称为反向击穿电压。

一般来讲，二极管的电击穿是可以恢复的，只要外加电压减小即可恢复常态。但普通二极管发生电击穿后，反向电流很大，且反向电压很高，因而消耗在二极管 PN 结上的功率很大，致使 PN 结温度升高。而结温升高会使反向电流继续增大，形成恶性循环，最终造成 PN 结因过热而烧毁（称为热击穿）。二极管热击穿后便会失去单向导电性造成永久损坏。不同型号的二极管的击穿电压差别很大，从几十伏到几千伏。

二极管的特性受温度影响很大，当环境温度升高时，二极管的正向特性曲线将左移，正、反向电流都随之增大，而反向击穿电压则要下降。

一般硅二极管 PN 结允许的工作温度比锗管高，因此，在同样的 PN 结的面积条件下，硅管允许通过的电流比锗管大，这也是硅管的优点之一，所以大功率的二极管几乎都是硅管。

在正常工作范围内，当电源电压远大于二极管正向导通压降时，实际工作中可将二极管近似看成理想二极管。二极管正向导通时，忽略正向导通压降和电阻，二极管相当于短路；二极管反向截止时，忽略反向饱和电流，反向电阻无穷大，二极管相当于开路。

2.3 半导体二极管的主要参数

二极管的参数规定了二极管的适用范围，它是合理选用二极管的依据。二极管的主要参数如下。

（1）最大整流电流 I_F I_F 是指二极管长期工作时允许通过的最大正向平均电流值。如果电流太大，发热过大，就会把二极管烧坏，在选用二极管时，工作电流不能超过它的最大整流电流。

（2）最高反向工作电压 U_{RM}　U_{RM} 是指二极管工作时，所能承受的最大反向电压，为了防止二极管因反向击穿而损坏，通常标定的最高反向工作电压为反向击穿电压的一半。在选用二极管时，加在二极管上的反向电压不允许超过这一数值，以保证二极管能正常工作，不致反向击穿而损坏。

（3）最大反向电流 I_{RM}　最大反向电流指二极管加上最高反向工作电压时的反向电流值。反向电流越小，则二极管的单向导电性越好，并且受温度的影响也越小。

其他参数，如二极管的最高工作频率、最大整流电流下的正向压降、结电容等，可在需要时查阅产品手册。在实际应用中，应根据管子所用场合，选择满足要求的二极管。

2.4　半导体二极管型号识别与检测方法

1. 二极管型号识别方法

我国二极管的命名方法主要由五部分组成，见表1-1。

表1-1　我国二极管的命名方法

第一部分		第二部分		第三部分				第四部分	第五部分
用阿拉伯数字表示器件电极的数目		用汉语拼音字母表示器件的材料和极性		用汉语拼音字母表示器件的类型				用阿拉伯数字表示登记顺序号	用汉语拼音字母表示规格号
符号	意义	符号	意义	符号	意义	符号	意义		
2	二极管	A	N 型，锗材料	P	小信号管	PIN	PIN 二极管①		
		B	P 型，锗材料	H	混频管	ZL	二极管阵列①		
		C	N 型，硅材料	V	检波管	QL	硅桥式整流器①		
		D	P 型，硅材料	W	电压调整管和电压基准管	XT	肖特基二极管①		
		E	化合物或合金材料	C	变容管	CF	触发二极管①		
				Z	整流管	DH	电流调整二极管①		
				L	整流堆	SY	瞬态抑制二极管①		
				S	隧道管	GF	发光二极管①		
				K	开关管	GD	光电二极管①		
				N	噪声管	GR	红外线发射二极管①		
				F	限幅管				
				T	闸流管				
				Y	体效应管				
				B	雪崩管				
				J	阶跃恢复管				

① 表示器件型号只有三、四、五部分。

例如：2CZ 是硅整流二极管。

二极管正负极、规格、功能和制造材料一般可以通过管壳上的标志和查阅手册来判断，小功率二极管的 N 极（负极），大多采用一种色圈标出来，也有采用符号标志"P""N"来确定二极管极性的。半导体二极管在电路中常用"VD"加数字表示，如 VD5 表示编号为 5 的二极管。

2. 普通二极管检测方法

在使用二极管时，常需要辨别二极管的正、负极性和粗略判断二极管的质量好坏。具体方法见表1-2。

表1-2　二极管的检测方法

检 测 方 法	具 体 步 骤	
观察法	二极管外壳上印有型号和标有色道，一般黑壳二极管为银白色标记，玻壳二极管为黑色标记，标记一端为负极，另一端为正极	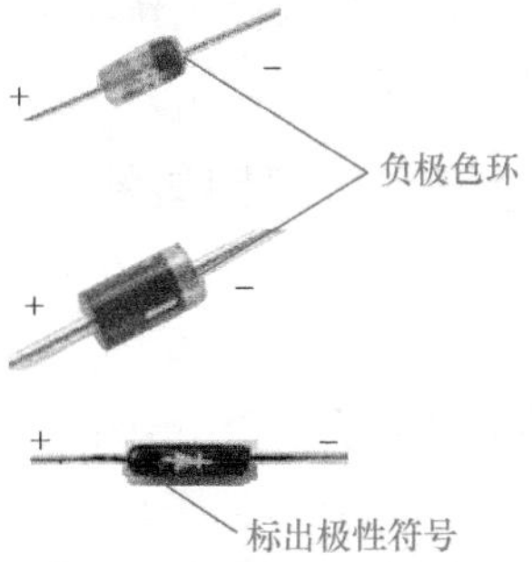 负极色环 标出极性符号
万用表检测法（指针式万用表）	管壳上无符号或标志不清，就需要用万用表来检测	**正向特性测试** $R \times 1k$ 黑表笔　红表笔 一般二极管使用万用表的 $R \times 1k$（或 $R \times 100$）欧姆档，一般不用 $R \times 1$ 档，因为输出电流太大；也不用 $R \times 10k$ 档，因为电压太高，有些管子可能被损坏。如图所示，如果测出的电阻较小（几百欧），此电阻为二极管的正向电阻，则与万用表黑表笔相接的一端是正极，另一端就是负极 **反向特性测试** $R \times 1k$ 红表笔　黑表笔 将红、黑表笔对调，如果测出的电阻较大（几百千欧），此电阻为二极管的反向电阻，那么与万用表黑表笔相连接的一端是负极，另一端就是正极
测试分析法	1）一次电阻接近于无穷大，而另一次电阻较小，则断定二极管良好 2）若正、反向电阻都为无穷大，则断定二极管内断路 3）若正、反向电阻都很小，则断定二极管短路即被击穿 4）若正、反向电阻相差不太大，则断定二极管失去单向导电作用	

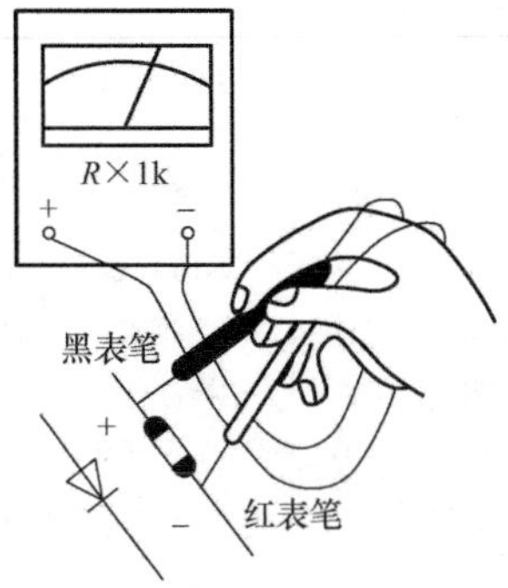

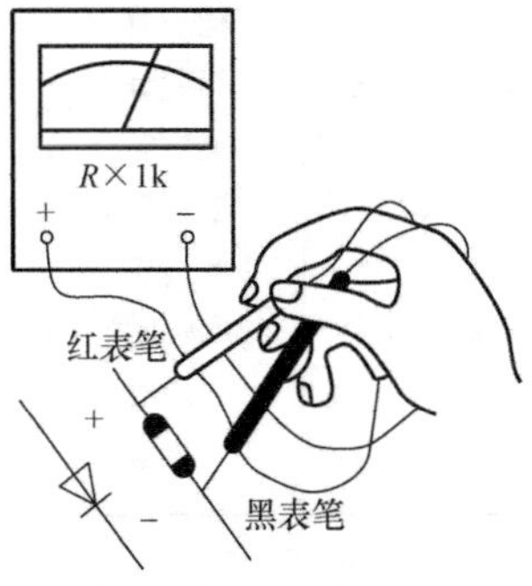

利用数字万用表的二极管档也可判别正、负极。万用表的红表笔（插在"V·Ω"插孔）带正电，黑表笔（插在"COM"插孔）带负电，用两支表笔分别接触二极管两个电极，若显示值在1V以下，说明管子处于正向导通状态，红表笔接的是正极，黑表笔接的是负极；若显示溢出符号"1"，表明管子处于反向截止状态，黑表笔接的是正极，红表笔接的是负极。

提示：如用数字万用表测试二极管时，档位应放在二极管档，若红表笔和黑表笔分别接二极管正极和负极，则液晶屏显示的是二极管的导通电压；若表笔反接，则液晶屏上最高的数字位显示1表示∞，说明二极管反向截止。

若不知被测的二极管是硅管还是锗管，有两种判别方法：

1）可根据硅管和锗管的导通压降不同来区分。方法是在干电池（1.5V）的一端串一个电阻（约1kΩ），同时按极性与二极管相接，使二极管正向导通，这时用万用表电压档测量二极管两端的管压降，如为0.6～0.8V即为硅管，如为0.1～0.3V即为锗管。

2）用万用表的欧姆档测量二极管的正向电阻，如电阻为100Ω～1kΩ，则为锗管。

2.5　特殊二极管

1. 稳压二极管

稳压二极管是一种硅材料制成的面接触型晶体二极管，简称稳压管。它在反向击穿时，在一定的电流范围内，端电压几乎不变，表现出稳压特性，因此广泛用于稳压电源电路中。它的符号和伏安特性曲线如图1-10所示。

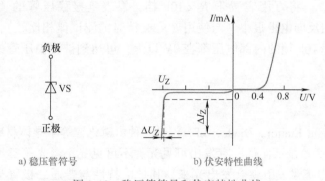

a) 稳压管符号　　　　　　b) 伏安特性曲线

图1-10　稳压管符号和伏安特性曲线

从伏安特性曲线上可以看出，当稳压管工作于反向击穿区时，电流虽然在很大范围内变化，但稳压管两端的电压变化很小，利用这一特性可以起到稳定电压的作用。

稳压管的主要参数如下：

1）稳压值 U_Z，指流过稳压管的电流为某一规定值时，稳压管两端的压降。由于制造工艺方面和其他的原因，稳压值也有一定的分散性。同一型号的稳压管稳压值可能略有不同。手册给出的都是在一定条件（工作电流、温度）下的数值。使用时应在规定测试电流下测量出每一个管子的稳压值。

2）稳定电流 I_Z，指稳压管工作电压等于稳定电压 U_Z 时的工作电流。稳压管的稳定电流只是一个作为依据的参考数值，设计选用时要根据具体情况（例如工作电流的变化范围）

来考虑。电流低于此值时稳压管不稳压，故也常将 I_Z 记作 I_{Zmin}（最小稳压电流），即保证稳压管具有稳压性能的最小工作电流。

3）最大稳定电流 I_{ZMax}，指稳压管允许通过的最大反向电流，$I > I_{ZMax}$ 管子会因过热而损坏。每一种型号的稳压管都有一个最大稳定电流 I_{ZMax}。

4）动态电阻 r_Z，是指稳压管在正常工作范围内，稳压管两端电压的变化量与相应电流变化量的比值，即 $r_Z = \Delta U_Z / \Delta I_Z$，动态电阻越小，稳压管的稳压性能越好。不同型号的管子 r_Z 不同，从几欧到几十欧。

5）最大允许耗散功率 P_{ZM}，指管子不致发生热击穿的最大功率损耗，即

$$P_{ZM} = I_{ZM} U_Z$$

式中，I_{ZM} 为稳压管允许流过的最大工作电流。

稳压管最主要的用途是稳定电压。图 1-11 所示是最常用的稳压管稳压电路，在准确度要求不高、电流变化范围不大的情况下，可选与需要的稳压值最为接近的稳压管直接同负载并联。由于稳压管的反向电流小于 I_{Zmin} 时不稳压，超出 I_{ZMax} 时会损坏，所以在电路中必须串联一个电阻 R 来限制电流，故称 R 为限流电阻。只有在 R 取值合适时，稳压管才能稳压。当稳压管处于反向

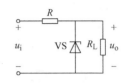

图 1-11　稳压管稳压电路

击穿状态时，稳定电压 U_Z 基本不变，故负载电阻 R_L 两端的电压 u_o 基本稳定，在一定范围内不受 u_i 和 R_L 变化的影响。

稳压管的检测方法如下：

1）极性的判别，与普通二极管的判别方法相同。

2）好坏的检查。将万用表置于 $R \times 10k$ 档，黑表笔接稳压管的"–"极，红笔接"+"极，若此时的反向电阻很小（与使用 $R \times 1k$ 档时的测试值相比较），说明该稳压管正常。因为万用表 $R \times 10k$ 档的内部电压都在 9V 以上，可达到被测稳压管的击穿电压，使其阻值大大减小。

2. 发光二极管

发光二极管(Light Emitting Diode，LED) 是一种由磷化镓等半导体材料制成的能直接将电能转换成光能的发光显示器件，有发出可见光、不可见光、激光等类型。LED 加正向偏置电压时，在正向电流激发下就会发出光来，其导电特性与普通二极管类似。LED 工作于正向偏压状态，也具有单向导电性。它的导通电压比普通二极管大，一般为 1.5~3V，因为 LED 有些敏感，工作电流一般为几毫安至几十毫安，因此在电路中一般串接一限流电阻，以防止电流过大损坏 LED。

发光二极管因其驱动电压低、功耗小、寿命长、可靠性高等优点，广泛应用于各种电子电路、家电、仪表、手机等设备中作为电源指示、红外线传输等。近年来，用高亮度发光二极管做成的节能灯泡，已经应用于汽车照明和家庭室内照明，有着广泛的应用前景。发光二极管的实物图及符号如图 1-12a 所示。

除了单独的一个发光二极管外，还可以将多个 LED 封装成更加复杂的样式。图 1-12b 所示是一些 LED 组，从左向右依次为能够产生所有颜色光的大功率 RGB（红色、绿色、蓝色）二极管、七段译码 LED 显示器、LED 柱状图显示器。

a) 发光二极管　　　　　　　b) LED组　　　　　c) 发光二极管符号

图 1-12　发光二极管的实物及符号

除了可见光 LED 外，还有发射不可见光的 LED。在电视远程控制中，会使用到红外线（IR）LED；紫外线（UV）LED 用在一些专业领域，比如校验银行单据的真伪或者让夜间人们的白色衣服发光等。这些不可见光 LED 使用的时候与普通的 LED 一样。

发光二极管正负极的检测方法如下：

1）观察法。可根据其引脚引线的长度来判断，引脚引线较长的一端为管子的正极，较短的一端为管子的负极。

2）万用表测量。测量方法与普通二极管的测量方法相同，但因发光二极管的正向导通电压较高，不能用欧姆档的低倍率档测试，应用万用表的 $R \times 10k$ 档，或是用数字万用表进行测量。

3. 光敏二极管

光敏二极管是一种光接收器，它能将接收的光信号转变成电信号输出，其 PN 结工作在反偏状态下。光敏二极管的实物图及符号如图 1-13 所示。

光敏二极管作为光控器件可用于物体检测、电机转速测量、自动报警等方面。当制成大面积的光敏二极管时，可当作一种能源而被称为光电池。此时它不需要外加电源，能够直接把光能变成电能。

光敏二极管的好坏可用万用表的 $R \times 1k$ 档进行检测，光敏二极管的正向电阻约 $10k\Omega$。无光照射时，反向电阻为∞，说明管子是好的。有光照射时，反向电阻随光的强度增加而减小，阻值减小到几千欧或 $1k\Omega$ 以下，则管子是好的；若反向电阻为∞或 0，则管子是坏的。

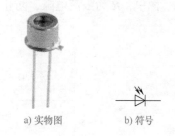

a) 实物图　　　　　b) 符号

图 1-13　光敏二极管的实物图及符号

4. 变容二极管

变容二极管是利用 PN 结反偏时结电容的大小随外加电压的大小而变化的特性制成的。当反偏电压增大时电容减小，反之电容增大，利用这一特性，在电路中，可用变容二极管取代可变电容。变容二极管多采用硅或砷化镓材料制成，用陶瓷和环氧树脂封装。变容二极管的实物图及符号如图 1-14 所示。变容二极管的电容量一般较小，其值为几十皮法到几百皮法。变容二极管在高频电路中应用广泛，例如用于谐振回路的电调谐和频率调制。

a) 实物图　　　　b) 符号

图 1-14　变容二极管的实物图及符号

2.6 二极管的应用

二极管的应用范围很广，利用它的单向导电性、正向导通、反向截止和反向击穿（稳压管）等工作状态，可以组成各种应用电路。下面介绍几种简单的应用电路。

1. 整流电路

电子设备需要稳定的直流电源供电，才能正常工作，而电网供给的都是交流电，因此必须将交流电变换成直流电，这一过程称为整流。

利用二极管的单向导电性可以将交流电变为脉动的直流电。图 1-15 所示为简单的整流电路，T 为电源变压器，VD 为整流二极管，R 为负载电阻。整流电路的工作原理将在后文中详细介绍。

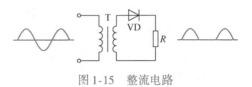

图 1-15　整流电路

2. 钳位电路

二极管的钳位作用是指利用二极管正向导通压降相对稳定，且数值较小（有时可近似为零）的特点，来限制电路中某点的电位。例如图 1-16 所示电路中，二极管的钳位作用使 U_o 被限制 $0 \sim 6V$ 范围内。当开关 S 断开时，由于二极管正向偏置，若忽略其正向导通压降，阳极电位 U_o 被钳制在 6V；当开关 S 闭合时，二极管截止，U_o 为 0V。

3. 欠电压稳压电路

利用半导体二极管在正偏导通时电压基本不变的特性组成欠电压稳压电路，如图 1-17 所示。图中，R 为限流电阻，防止二极管过电流而损坏。若 VD 为硅管，则 U_o 为 1.4V。

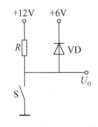 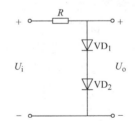

图 1-16　钳位电路　　　　　　　图 1-17　欠电压稳压电路

4. 限幅电路

图 1-18a 为二极管双向限幅电路，用来限制输出电压的幅度。输入、输出波形如图 1-18b 所示。

在 u_i 的正半周，当 $u_i < 6V$ 时，VD_1、VD_2 均截止，输出 $u_i = u_o$；当 $u_i > 6V$ 时，VD_1 正偏导通，VD_2 反偏截止，输出 $u_o = 6V$。

在 u_i 的负半周，当 $u_i > -6V$ 时，VD_1、VD_2 均截止，输出 $u_i = u_o$；当 $u_i < -6V$ 时，VD_2 导通，VD_1 截止，输出 $u_o = -6V$。

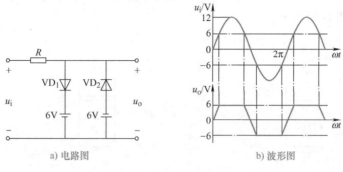

a) 电路图　　　　　　　　　　　　　　b) 波形图

图 1-18　二极管双向限幅电路及波形

任务 3　认识晶体管

任务要求：

1. 了解晶体管的结构。
2. 掌握晶体管的电流分配关系及放大原理。
3. 掌握晶体管在共发射极接法时的输入和输出特性，理解其含义。
4. 了解晶体管主要参数的定义，了解器件手册的查阅方法及选管原则。
5. 掌握晶体管的测试方法（通过实验进行）。

在电子系统中，对模拟信号进行处理的最基本形式是放大。在生产实践和科学实验中，从传感器获得的模拟信号通常都很弱，只有经过放大后，才能进一步完成特定的工作。而组成放大电路的核心器件就是晶体管。

3.1　晶体管的结构和符号

晶体管又称为双极型晶体管（BJT）。在音频放大器等很多电路中，都会用到晶体管。对于业余的电子爱好者来说，可以把晶体管当成一个开关。但是不同于传统依靠按钮控制的开关，晶体管是由一个小电流来控制大电流的开关。晶体管具有电流放大能力，是电子电路的核心器件。常见的晶体管如图 1-19 所示。

图 1-19　常见的晶体管

晶体管是由两个 PN 结按一定的制造工艺结合而成，可分为 NPN 型和 PNP 型两大类，其结构及符号如图 1-20 所示。

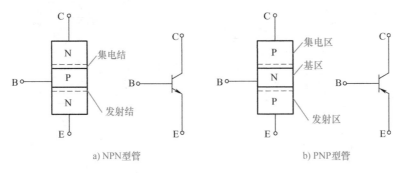

a) NPN型管   b) PNP型管

图 1-20 晶体管结构示意图及符号

每种晶体管都有发射区、基区和集电区三个不同的导电区域，对应三个区域引出的三个电极分别称为发射极 E（Emitter）、基极 B（Base）和集电极 C（Collector）。这三个区域形成两个 PN 结，基区和发射区之间的结称为发射结，基区和集电区之间的结称为集电结。

由于 NPN 型和 PNP 型晶体管的工作电流方向不同，它们的图示符号上箭头指示方向也不同（发射极的箭头方向代表发射极电流的实际方向）。

不论是 PNP 型还是 NPN 型晶体管，它们的结构有一个共同点，发射区是高浓度掺杂区，载流子多，发射结的结面积小；基区很薄且掺杂浓度低；集电区掺杂少，集电结的结面积大。

3.2 晶体管的电流放大原理

1. 晶体管的基本连接方式

晶体管有三个电极，而在连成电路时必须由两个电极接输入回路，两个电极接输出回路，这样势必有一个电极作为输入和输出回路的公共端。根据公共端的不同，晶体管有三种基本连接方式，如图 1-21 所示。图中"接地符号"表示公共端，又称接地端。

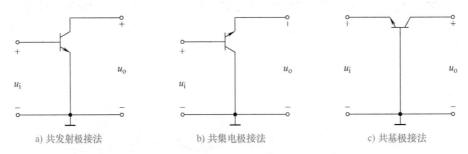

a) 共发射极接法   b) 共集电极接法   c) 共基极接法

图 1-21 晶体管的三种基本接法

2. 晶体管的电流放大原理

为了了解晶体管的电流分配和电流放大原理，下面以 NPN 型晶体管所接成的共发射极电路为例，说明晶体管的电流放大原理。

按图 1-22 所示电路进行测试。电路中 $V_{CC} > V_{BB}$，电源极性如图中所示，这样就保证了发射结加的是正向电压（或称正向偏置），集电结上加的是反向电压（或称反向偏置），这是晶体管实现电流放大作用的外部条件，用电位表示为 $V_C > V_B > V_E$（NPN 型）。

如果是 PNP 型晶体管，图 1-22 中电源 V_{CC}、V_{BB} 的极性为负，且 $V_{CC} < V_{BB}$，这样保证了发射结正偏，集电结反偏，用电位表示为 $V_E > V_B > V_C$。

调整电阻 R_B，则基极电流 I_B、集电极电流 I_C 和发射极电流 I_E 都会发生变化，结果见表 1-3。

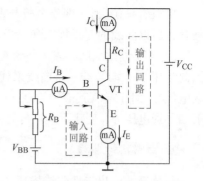

图 1-22 晶体管电流放大实验图

表 1-3 晶体管电流测试数据

	1	2	3	4	5
I_B/MA	0	0.02	0.04	0.06	0.08
I_C/mA	0.005	0.99	2.08	3.11	4.26
I_E/mA	0.005	1.01	2.12	3.17	4.34

通过实验测量可得出如下结论：

1）电流分配符合基尔霍夫定律，即 $I_E = I_C + I_B$，且 $I_C \gg I_B$（$I_C \approx I_E$）。

2）I_C 与 I_B 成正比，即 $I_C = \bar{\beta} I_B$（$\bar{\beta}$ 称为晶体管直流电流放大系数）。

3）I_B 的微小变化会引起 I_C 较大的变化，计算可得

$$\beta = \frac{\Delta I_C}{\Delta I_B} = \frac{I_{C4} - I_{C3}}{I_{B4} - I_{B3}} = \frac{3.11 - 2.08}{0.06 - 0.04} = \frac{1.03}{0.02} = 51.5$$

式中，β 为晶体管交流电流放大系数。因为 $\beta \approx \bar{\beta}$，故在实际应用中不再加以区分。

基极电流虽然远远小于集电极电流，但基极电流却对集电极电流起着控制作用，基极电流的微小变化，将引起集电极电流的巨大变化，这就是晶体管的电流放大作用，通常称晶体管为电流控制型器件。

一般来说，晶体管的物理尺寸大小（见图 1-19）决定了由它控制的电流最大值。如果超过了这个最大值，晶体管就会冒烟并报废。

3.3 晶体管的伏安特性

晶体管的伏安特性曲线是用来描述各极间电压和电流之间的函数关系曲线，由输入和输出特性曲线来表示，它反映了晶体管的性能，是分析放大电路的重要依据。

1. 输入特性曲线

晶体管的输入特性曲线描述了集电极与发射极之间的压降 U_{CE} 一定时，I_B 和 U_{BE} 的函数关系，即

$$I_B = f(U_{BE}) \Big|_{U_{CE} = 常数}$$

图 1-23a 是一个 NPN 型硅管的输入特性曲线。由图可见，输入特性曲线有以下特点：

1）$U_{CE} = 0V$ 时，即集电极与发射极短接，发射结与集电结像是两个正向偏置的并联二极管，所以曲线的变化规律和二极管的正向伏安特性曲线类似。

2）当 U_{CE} 增大时，输入特性曲线右移，但当 $U_{CE} \geq 1V$ 后，曲线不再右移而几乎重合，因此常用 $U_{CE} \geq 1V$ 的一条曲线来代表所有输入特性曲线。在输入特性曲线中也有一段"死区电压"，对于硅管其值约为 $0.5V$，而锗管的死区电压约为 $0.2V$。晶体管正常工作时，发射结导通电压 U_{BE} 变化不大，硅管约为 $0.7V$，锗管约为 $0.3V$。

2. 输出特性曲线

晶体管的输出特性曲线描述了 I_B 为一常量时，I_C 和 U_{CE} 的函数关系，即

$$I_C = f(U_{CE}) \big|_{I_B = 常数}$$

图 1-23b 是晶体管的输出特性曲线，当 I_B 改变时，可得一簇曲线，由图可见，晶体管有三个工作区域。

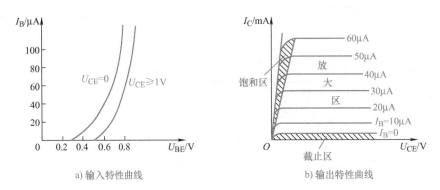

a) 输入特性曲线   b) 输出特性曲线

图 1-23 晶体管的特性曲线

（1）截止区（Cutoff Region） 晶体管工作在截止区的条件是集电结和发射结均处于反向偏置。

特点：当发射结电压低于"死区电压"，集电结反偏时，基极电流 $I_B \approx 0$，集电极 $I_C \approx 0$。从输出特性曲线上来看，$I_B \approx 0$ 那条曲线以下的区域即为截止区。

（2）放大区（Active Region） 晶体管在放大区的条件是发射结正偏，集电结反偏，即 $V_C > V_B > V_E$。

特点：放大区的特性曲线近似水平直线。这时 I_B 如有微小的变化即能引起 I_C 很大的变化，并且 I_C 的变化基本上与 U_{CE} 无关，I_C 的大小只受 I_B 的控制。晶体管只有工作在这个区域中才具有电流放大作用，即 $I_C = \overline{\beta} I_B$ 或 $\Delta i_C = \beta \Delta i_B$。

（3）饱和区（Saturation Region） 晶体管在饱和区的条件是发射结和集电结均处于正向偏置。

特点：特性曲线靠近纵轴的区域是饱和区。U_{BE} 大于"死区电压"，且 $U_{CE} < U_{BE}$。在饱和区晶体管失去了电流放大作用，即 $I_C \neq \overline{\beta} I_B$。在实际电路中，当 I_B 增大时，I_C 增大不多或基本不变，说明晶体管进入饱和区。当 $U_{CE} = U_{BE}$ 时，认为晶体管处于临界饱和状态，此时的临界饱和电压 U_{CES} 很小（硅管约为 $0.3V$，锗管约为 $0.1V$）。

【例1-1】用指针式万用表测得某处在放大状态下的晶体管三个极对地电位分别为 $V_1 = $

$7V$，$V_2 = 2V$，$V_3 = 2.7V$，试判断此晶体管的类型和引脚名称。

解：此类题可按以下思路分析：

（1）基极一定居于中间电位。

（2）按照 $U_{BE} = 0.2 \sim 0.3V$ 或 $U_{BE} = 0.6 \sim 0.7V$ 可找出发射极 E，并可确定出是锗管或硅管。

（3）余下第三脚必为集电极。

（4）若 $U_{CE} > 0$，则为 NPN 型管；若 $U_{CE} < 0$，则为 PNP 型管。

根据以上分析思路，判断此晶体管3脚为基极 B。由于 $V_3 - V_2 = 2.7V - 2V = 0.7V$，可确定2脚为发射极 E，该晶体管为硅管。余下的1脚为集电极 C。因为 $U_{CE} = 7V - 2V = 5V > 0$，因此该晶体管为 NPN 型管。

【例1-2】 硅晶体管各极对地的电压如图1-24所示，试判断各晶体管分别处于何种工作状态（饱和、放大、截止或已损坏）。

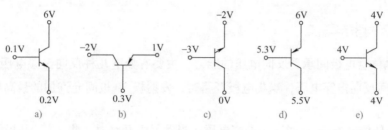

图　1-24

解：图1-24a 所示为 NPN 型晶体管。$U_{BE} = (0.1 - 0.2)V = -0.1V$，发射结反偏；$U_{BC} = (0.1 - 6)V = -5.9V$，集电结反偏，故该管工作在截止状态。

图1-24b 所示为 PNP 型晶体管。$U_{BE} = (0.3 - 1)V = -0.7V$，发射结正偏；$U_{BC} = [0.3 - (-2)]V = 2.3V$，集电结反偏，故该管工作在放大状态。

图1-24c 所示为 NPN 型晶体管。$U_{BE} = [-3 - (-2)]V = -1V$，发射结反偏；$U_{BC} = (-3 - 0)V = -3V$，集电结反偏，该管工作在截止状态。

图1-24d 所示为 PNP 型晶体管。$U_{BE} = (5.3 - 6)V = -0.7V$，发射结正偏；$U_{BC} = (5.3 - 5.5)V = -0.2V$，集电结正偏，该管工作在饱和状态。

图1-24e 所示为 NPN 型晶体管。$U_{BE} = (4 - 4)V = 0V$，发射结电压为零；$U_{BC} = (4 - 4)V = 0V$，集电结电压也为零，故该管被击穿，已损坏。

3.4　晶体管的主要参数

晶体管的特性除了用曲线表示外，还可以用一些参数来说明。晶体管的参数可作为设计电路合理使用器件的参考。晶体管的参数很多，这里只介绍常用的主要参数，它们均可在半导体器件手册中查到。

1. 电流放大系数

电流放大系数有直流电流放大系数 $\bar{\beta}$ 和交流电流放大系数 β。实际上，$\beta \approx \bar{\beta}$。一般晶体管的 β 值约在 $20 \sim 100$ 之间。由于生产工艺的原因，同一型号的晶体管，有时 β 值会相差很多，所以使用时需要挑选。β 值太小表明放大能力差，β 值太大，则晶体管的工作特性不够稳定。

2. 极间反向电流

1）I_{CBO} 是发射极开路时集电结的反向饱和电流。作为晶体管的性能指标，I_{CBO} 越小越好，硅管的 I_{CBO} 比锗管的小得多，使用时应予注意。

2）I_{CEO} 指基极开路时，集电极和发射极间的穿透电流。

选管子时，I_{CBO} 和 I_{CEO} 的值越小，性能越稳定。

3. 集电极最大允许电流 I_{CM}

当 I_C 过大时，电流放大系数 β 将下降，使 β 下降至正常值的 2/3 时的 I_C 值，定义为集电极最大允许电流 I_{CM}。在使用中，若 $I_C > I_{CM}$，虽然短时间内不一定会损坏晶体管，但电流放大能力会减弱。

4. 极间反向击穿电压

它表示晶体管电极间承受反向电压的能力，主要有如下几种反向击穿电压：$U_{(BR)EBO}$ 是发射极-基极间反向击穿电压，当集电极开路时，发射极-基极间允许加的最高反向电压，一般在 5V 左右。

$U_{(BR)CBO}$ 是集电极-基极间反向击穿电压，当发射极开路时，集电极-基极间允许加的最高反向电压，一般在几十伏。

$U_{(BR)CEO}$ 是集电极-发射极间反向击穿电压，当基极开路时，集电极-发射极间允许加的最高反向电压，通常比 $U_{(BR)CBO}$ 小些。

5. 集电极最大允许功率损耗 P_{CM}

晶体管正常放大时，集电结上加的是反向电压，结电阻很大，当 I_C 流过时将产生热量，使结温升高。若 I_C 过大，则集电结将因过热而烧坏。根据管子允许的最高温度，规定出集电极最大允许耗散功率 P_{CM}。在使用中应满足 $U_{CE}I_C < P_{CM}$，以确保管子安全工作。

6. 温度对晶体管参数的影响

晶体管具有热敏性，温度会使晶体管的参数发生变化，从而改变晶体管的工作状态，因此不容忽视。温度对下列三个参数的影响最大。

（1）温度对电流放大系数 β 的影响　温度升高时 β 随之增大。实验表明，对于不同类型的管子 β 随温度增长的情况是不同的，一般认为以 25℃ 时测得的 β 值为基数，温度每升高 1℃，β 增加 0.5% ~ 1%。

（2）温度对发射结电压 U_{BE} 的影响　实验表明：温度每升高 1℃，$|U_{BE}|$ 会下降 2 ~ 2.5mV。这将会影响晶体管工作的稳定性，需要在电路中加以解决。

（3）温度对反向饱和电流 I_{CBO} 的影响　温度升高时，晶体管的 I_{CBO} 将会增加。无论硅管或锗管，作为工程上的估算，一般都按温度每升高 10℃，I_{CBO} 将会增大一倍来考虑。

3.5　特殊晶体管

1. 光敏晶体管

光敏晶体管是在光敏二极管的基础上发展起来的光敏器件，它和光敏二极管一样都有光敏效应，同时还具有放大功能，灵敏度较高。

光敏晶体管一般只有集电极 C 和发射极 E 两只引脚。靠近引脚标识或色点的是发射极（长脚），另一脚是集电极（短脚）。NPN 型光敏晶体管的符号和等效电路如图 1-25 所示。

2. 光耦合器

光耦合器是把发光二极管和光敏晶体管组装在一起而成的光-电转换器件，其主要原理是以光为媒介，实现了电-光-电的传递与转换。其符号和外形如图 1-26 所示。由于光耦合器是一种以光为媒体传送信号的器件，实现了输出端与输入端的电气绝缘，为单向传输，无内部反馈，抗干扰能力强，尤其是抗电磁干扰，所以是一种广泛应用于计算机检测和控制系统中光电隔离方面的新型器件。

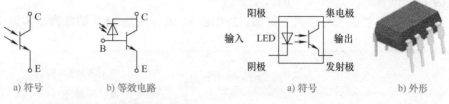

a) 符号　　b) 等效电路	a) 符号　　b) 外形
图 1-25　NPN 型光敏晶体管的符号和等效电路	图 1-26　光耦合器

光耦合器具有如下特点：

1）光耦合器的发光器件与受光器件互不接触，绝缘电阻很高，一般可达 $10^{10}\Omega$ 以上，并能承受 2000V 以上的高电压，因此经常用来隔离强电和弱电系统。

2）光耦合器的发光二极管是电流驱动器件，输入电阻很小，而干扰源一般内阻较大，且能量很小，很难使发光二极管误动作，所以光耦合器有极强的抗干扰能力。

3）光耦合器具有较高的信号传递速度，响应时间一般为数微秒，高速型光耦合器的响应时间可以小于100ns。

光耦合器的用途很广，主要作用是信号隔离传输，在隔离耦合、电平转换、继电器控制等方面得到了广泛的应用，如在电视、DVD 机、录像机和计算机等电源中利用光耦合器的导通与截止作电子开关使用。

3.6　晶体管型号识别与检测方法

1. 晶体管型号命名

1）按照国家标准的规定，国产晶体管的型号命名方法见表1-4。

表 1-4 国产晶体管的型号命名方法

第一部分		第二部分		第三部分				第四部分	第五部分
用阿拉伯数字表示器件的电极数目		用汉语拼音字母表示器件的材料和极性		用汉语拼音字母表示器件的类型				用阿拉伯数字表示登记顺序号	用汉语拼音字母表示规格号
符号	意义	符号	意义	符号	意义	符号	意义		
3	三极管	A	PNP 型，锗材料	X	低频小功率晶体管 ($f_a<3\text{MHz}$, $P_C<1\text{W}$)	CS	场效应晶体管[①]		
		B	NPN 型，锗材料			BT	特殊晶体管[①]		
		C	PNP 型，硅材料	G	高频小功率晶体管 ($f_a\geqslant3\text{MHz}$, $P_C<1\text{W}$)	FH	复合管[①]		
		D	NPN 型，硅材料			JL	晶体管阵列[①]		
		E	化合物或合金材料	D	低频大功率晶体管 ($f_a<3\text{MHz}$, $P_C\geqslant1\text{W}$)	SX	双向三极管[①]		
						GT	光电晶体管[①]		
				A	高频大功率晶体管 ($f_a\geqslant3\text{MHz}$, $P_C\geqslant1\text{W}$)	GH	光电耦合器[①]		
						GK	光电开关管[①]		

① 表示器件型号只有三、四、五部分。

例如：3DG12 的含义是 NPN 型硅材料高频小功率晶体管。

2）现今比较流行的 9011~9018 系列小功率晶体管（一般以 S 和 SS 开头），除 9012 和 9015 为 PNP 型管外，其余均为 NPN 型管。

3）日产晶体管的型号命名。例如：2SC1815A 的含义是 NPN 型低频晶体管。

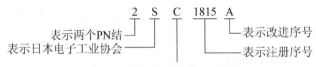

```
         2    S    C    1815    A
表示两个PN结 ┘    │    │         └ 表示改进序号
表示日本电子工业协会 ┘    │         └ 表示注册序号
              表示性能及导电类型
              A：PNP   高频
              B：PNP   低频
              C：NPN   高频
              D：NPN   低频
```

2. 晶体管的识别与检测方法

在使用晶体管时，常需辨别晶体管的管型及引脚。

1）根据晶体管的外形特点判别，具体方法见表 1-5。

表 1-5 晶体管的引脚排列及识别方法

类　别	引脚排列	识别方法
小功率金属封装	3AX31　定位销　B　C　E	仰视图位置放置，使三个引脚构成等腰三角形，靠近标记处为发射极 E，从左向右依次为 E、B、C

（续）

类　　别	引脚排列	识别方法
小功率塑料封装	3DG6 E B C	平面朝外，左边是发射极 E，中间是基极 B，右边是集电极 C
贴片晶体管	SOT-23 C B E	三个电极的贴片晶体管中，一般单独的那个脚是集电极，当集电极朝上时，左边为基极，右边为发射极。在使用贴片晶体管时，请先参考厂家给出的数据手册
大功率金属封装	B 1 2 E 3 C	金属封装的大功率晶体管的外壳为集电极 C，面向引脚，小面积部分朝上，左边引脚为基极 B，右边引脚为发射极 E

注意：国产晶体管的管壳上标有色点，作为 β 值的色点标志，为选用晶体管带来了很大的方便。其分档标志如下：

0 – 15 – 25 – 40 – 55 – 80 – 120 – 180 – 270 – 400 – 600

棕　红　橙　黄　绿　蓝　紫　灰　白　黑

例如，色标为棕色，表示 β 值为 0～15。

2）用指针式万用表欧姆档测量各引脚间电阻，可判别晶体管三个引脚的电极。

可以把晶体管的结构看成是两个背靠背的 PN 结，对 NPN 型管来说基极是两个 PN 结的公共阳极，对 PNP 型管来说基极是两个 PN 结的公共阴极，如图 1-27 所示。

① 管型与基极的判别。将万用表置于欧姆档，量程选 $R \times 1k$ 档（或 $R \times 100$），用黑表笔（连接表内电池的正极）接晶体管的任一引脚，用红表笔（连接表内电池的负极）分别接其他两引脚。若表针指示的两阻值均很大，那么黑表笔所接的那个引脚是 PNP 型管的基极；如果万用表指示的两个阻值均很小，那么黑表笔所接的引脚是 NPN 型管的基极；如果表针指示的阻值一个很大，一个很小，那么黑表笔所接的引脚不是基极。需要更换一个引脚重试。

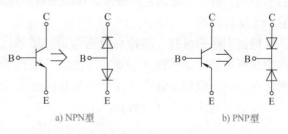

a) NPN型　　　　　b) PNP型

图 1-27　晶体管结构示意图

② 发射极与集电极的判别。以 NPN 型管为例，测试方法如图 1-28a 所示，把黑表笔接到假设的集电极 C 上，红表笔接到假设的发射极 E 上，并且用手捏住 B 和 C（但不可使 B

和 C 短接），通过人体，相当于在 B 和 C 之间接入一个偏置电阻，读出表头所示 C、E 间的阻值，然后将两表笔对调重测。两次测量中，数值较小的对应黑表笔所接的引脚是集电极（对于 PNP 型管，则红表笔所接的是集电极），而红表笔所接的引脚就是发射极 E。

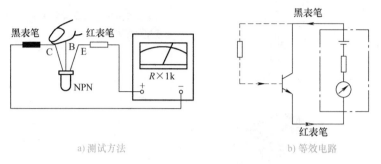

a) 测试方法　　　　　　　　　　　　　b) 等效电路

图 1-28　判断晶体管的集电极和发射极

任务4　认识场效应晶体管

任务要求：

1. 了解结型场效应晶体管的工作原理。
2. 掌握 N 沟道增强型绝缘栅场效应晶体管的工作原理。
3. 正确理解场效应晶体管的主要参数。
4. 掌握场效应晶体管的使用注意事项。

场效应晶体管（FET）又称单极型晶体管，它属于电压控制型半导体器件。其特点是输入电阻很高（$10^8 \sim 10^{15} \Omega$），是较理想的前置输入级器件，具有功耗低、噪声低、受温度和辐射影响小、制造工艺简单、便于集成等优点，特别适用于要求高灵敏度和低噪声的电路。

场效应晶体管和晶体管一样都能实现信号的控制和放大，但由于它们的构造和工作原理截然不同，所以二者的差别很大。在某些特殊应用方面，场效应晶体管优于晶体管，是晶体管所无法替代的。

根据不同的材料、结构和导电沟道，场效应晶体管可分成结型场效应晶体管（JFET）和绝缘栅场效应晶体管（MOS）两大类。结型场效应晶体管又分为 N 沟道和 P 沟道两种。绝缘栅型场效应晶体管除有 N 沟道和 P 沟道之分外，还有增强型与耗尽型之分。

场效应晶体管的分类如下：

$$
\text{场效应晶体管}
\begin{cases}
\text{结型}
\begin{cases}
\text{N 沟道} \\
\text{P 沟道}
\end{cases} \\
\text{绝缘栅型}
\begin{cases}
\text{按工作方式分}
\begin{cases}
\text{增强型} \\
\text{耗尽型}
\end{cases} \\
\text{按沟道类型分}
\begin{cases}
\text{NMOS（N 沟道）} \\
\text{PMOS（P 沟道）}
\end{cases}
\end{cases}
\end{cases}
$$

4.1　结型场效应晶体管

1. 结型场效应晶体管的结构

结型场效应晶体管分为 N 沟道和 P 沟道两种类型，N 沟道管的结构如图 1-29a 所示。结型场效应晶体管在电路中的符号如图 1-29b 所示，图中栅极 G 箭头方向表示栅极与源极之间 PN 结正向偏置的电流方向，由 P 区指向 N 区。

2. 工作原理

现以 N 沟道结型场效应晶体管为例分析外加电场是如何来控制流过场效应晶体管的电流的。如图 1-30 所示，场效应晶体管工作时，它的两个 PN 结要加反偏电压。为了使 N 沟道结型场效应晶体管正常工作，应使栅源之间加负电压，即 $u_{GS} \leq 0$，漏源之间加正向电压，即 $u_{DS} > 0$。

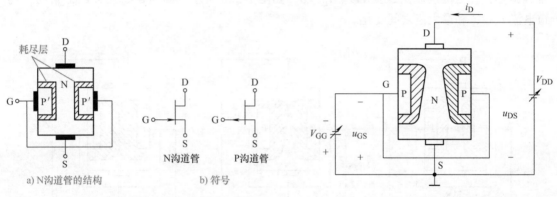

a) N沟道管的结构　　　　　b) 符号

图 1-29　结型场效应晶体管结构示意图和符号　　　　图 1-30　场效应晶体管的工作原理

（1）当 $u_{DS} = 0$ 时，u_{GS} 对导电沟道的影响　当 $u_{DS} = 0$，$u_{GS} = 0$ 时，场效应晶体管两侧的 PN 结均处于零偏置，形成两个耗尽层，如图 1-31a 所示。此时耗尽层最窄，导电沟道最宽，沟道电阻最小。

当 $|u_{GS}|$ 值增大时，栅源之间反偏电压增大，PN 结的耗尽层增宽，如图 1-31b 所示。导致导电沟道变窄，沟道电阻增大。

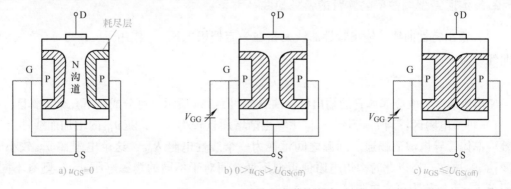

a) $u_{GS} = 0$　　　　b) $0 > u_{GS} > U_{GS(off)}$　　　　c) $u_{GS} \leq U_{GS(off)}$

图 1-31　u_{GS} 对导电沟道的影响

当 $|u_{GS}|$ 值增大到使两侧耗尽层相遇时, 导电沟道全部夹断, 如图 1-31c 所示, 沟道电阻趋于无穷大。对应的栅源电压 u_{GS} 称为场效应晶体管的夹断电压, 用 $U_{GS(off)}$ 来表示。

(2) 当 $u_{GS} = 0$ 时, u_{DS} 对导电沟道的影响 设栅源电压 $u_{GS} = 0$, 当 $u_{DS} = 0$ 时, $i_D = 0$, 沟道均匀, 当 u_{DS} 增加时, 漏极电流 i_D 从零开始增加, i_D 流过导电沟道时, 沿着沟道产生电压降, 使沟道各点电位不再相等, 沟道不再均匀。靠近源极端的耗尽层最窄, 沟道最宽; 靠近漏极端的电位最高, 且与栅极电位差最大, 因而耗尽层最宽, 沟道最窄。如图 1-32a 所示, u_{DS} 的主要作用是形成漏极电流 i_D。

(3) u_{DS} 和 u_{GS} 对沟道电阻和漏极电流的影响 设在漏源间加有电压 u_{DS}, 当 u_{GS} 变化时, 沟道中的电流 i_D 将随沟道电阻的变化而变化。当 $0 < u_{GS} < U_{GS(off)}$ 时, 随着 u_{DS} 的增大, u_{GD} 逐渐减小, 当 $u_{GD} = U_{GS(off)}$ 时, 则漏极一边的耗尽层就会出现夹断区, 如图 1-32b 所示, 称 $u_{GD} = U_{GS(off)}$ 为预夹断。若 u_{DS} 继续增大, 夹断区加长, 沟道电阻增大, u_{DS} 的增大几乎全部降落在夹断区, i_D 几乎不变, 从外部看, i_D 表现出恒流特性。

当 u_{DS} 为一常量时, 随着 $|u_{GS}|$ 值的增大, 耗尽层变宽, 沟道变窄, 沟道电阻变大, 电流 i_D 减小, 直至沟道被耗尽层夹断, $i_D = 0$, 如图 1-32c 所示。即当 $0 < u_{GS} < U_{GS(off)}$ 时, 沟道电流 i_D 在零和最大值之间变化。

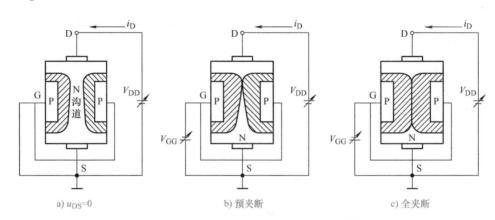

a) $u_{DS}=0$ b) 预夹断 c) 全夹断

图 1-32 u_{DS} 和 u_{GS} 对沟道电阻和漏极电流的影响

改变栅源电压 u_{GS} 的大小, 能引起管内耗尽层宽度的变化, 从而控制了漏极电流 i_D 的大小。场效应晶体管和普通晶体管一样, 可以看成是一种电压控制的电流源。

3. N 沟道结型场效应晶体管的特性曲线

(1) 输出特性曲线 输出特性曲线是指在一定栅极电压 u_{GS} 作用下, i_D 与 u_{DS} 之间的关系曲线, 即

$$i_D = f(u_{DS}) \big|_{U_{GS} = 常数}$$

N 沟道结型场效应晶体管的输出特性曲线如图 1-33a 所示, 可分成以下几个工作区。

1) 可变电阻区: 当 u_{GS} 不变, u_{DS} 由零逐渐增加且较小时, i_D 随 u_{DS} 的增加而线性上升, 场效应晶体管导电沟道畅通。漏源之间可视为一个线性电阻 R_{DS}, 这个电阻在 u_{DS} 较小时, 主要由 u_{GS} 决定, 所以此时沟道电阻值近似不变。而对于不同的栅源电压 u_{GS}, 则有不同的电阻值 R_{DS}, 故称为可变电阻区。

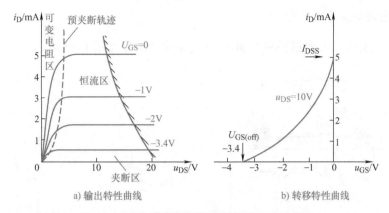

a) 输出特性曲线　　　　　　b) 转移特性曲线

图 1-33　N 沟道结型场效应晶体管的特性曲线

2）恒流区（或线性放大区）：图 1-33a 所示中间部分是恒流区，在此区域 i_D 不随 u_{DS} 的增加而增加，而是随着 u_{GS} 的增大而增大，输出特性曲线近似平行于 u_{DS} 轴，i_D 只受 u_{GS} 的控制，表现出场效应晶体管电压控制电流的放大作用，场效应晶体管组成的放大电路就工作在这个区域。

3）夹断区：当 $u_{GS} < U_{GS}$（off）时，场效应晶体管的导电沟道被耗尽层全部夹断，由于耗尽层电阻极大，因而漏极电流 i_D 几乎为零。此区域类似于晶体管输出特性曲线的截止区，实际中常用作开关。

（2）转移特性曲线　转移特性曲线是指在一定漏源电压 u_{DS} 作用下，栅极电压 u_{GS} 对漏极电流 i_D 的控制关系曲线，即 $i_D = f(u_{GS})\big|_{u_{DS} = 常数}$。

N 沟道结型场效应晶体管的转移特性曲线如图 1-33b 所示。从转移特性曲线可知，在 $U_{GS}(off) < u_{GS} < 0$ 的范围内，漏极电流 i_D 与栅极电压 u_{GS} 的关系近似为

$$i_D = I_{DSS}\left(1 - \frac{u_{GS}}{U_{GS(off)}}\right)^2$$

当 $u_{GS} = 0$ 时，导电沟道最宽，沟道电阻最小，漏极电流 i_D 最大称为饱和漏极电流，用 I_{DSS} 表示。

当 $|u_{GS}|$ 值逐渐增大时，PN 结上的反向电压也逐渐增大，耗尽层不断加宽，沟道电阻逐渐增大，漏极电流 i_D 逐渐减小。

当 $u_{GS} = U_{GS(off)}$ 时，沟道全部夹断，$i_D = 0$。

4.2　绝缘栅型场效应晶体管

在结型场效应晶体管中，栅源间的输入电阻一般为 $10^6 \sim 10^9 \Omega$。由于 PN 结反偏时总有一定的反向电流存在，而且受温度的影响，因此，限制了结型场效应晶体管输入电阻的进一步提高。而绝缘栅型场效应晶体管的栅极与漏极、源极及沟道是绝缘的，输入电阻可高达 $10^9 \Omega$ 以上。由于这种场效应晶体管是由金属（Metal）、氧化物（Oxide）和半导体（Semiconductor）组成的，故称 MOS 管。MOS 管也分为 N 沟道和 P 沟道两类。每一类又分为增强型和耗尽型两种。

1. N 沟道耗尽型 MOS 管

（1）结构及符号　N 沟道耗尽型 MOS 管的结构和符号如图 1-34 所示。

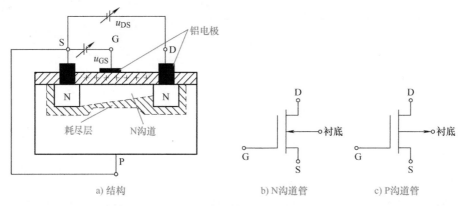

a) 结构　　　　　b) N沟道管　　　　　c) P沟道管

图 1-34　N 沟道耗尽型 MOS 管的结构和符号

　　耗尽型 MOS 管在制造时，在二氧化硅绝缘层中掺入了大量的正离子，这些正离子的存在，使 $u_{GS} = 0$ 时，就有垂直电场进入半导体，并吸引自由电子到半导体的表层而形成 N 型导电沟道。

　　（2）工作原理　如果在栅源之间加负电压，u_{GS} 所产生的外电场就会削弱正离子所产生的电场，使得沟道变窄，电流 i_D 减小；反之，电流 i_D 增加。故这种管子的栅源电压 u_{GS} 可以是正的，也可以是负的。改变 u_{GS} 就可以改变沟道的宽窄，从而控制漏极电流 i_D。

　　（3）输出特性曲线　N 沟道耗尽型 MOS 管的输出特性曲线如图 1-35a 所示，曲线可分为可变电阻区、恒流区（放大区）、夹断区和击穿区。

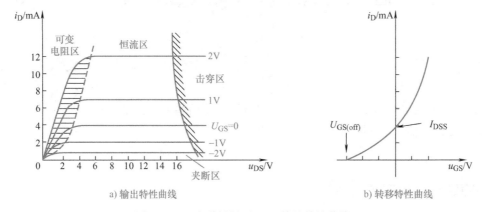

a) 输出特性曲线　　　　　　　　b) 转移特性曲线

图 1-35　N 沟道耗尽型 MOS 管的特性曲线

　　（4）转移特性曲线　N 沟道耗尽型 MOS 管的转移特性曲线如图 1-35b 所示。从图中可以看出，这种 MOS 管栅源电压 u_{GS} 可正可负。

　　当 $u_{GS} = 0$ 时，靠绝缘层中正离子在 P 型衬底中感应出足够的电子，而形成 N 型导电沟道，获得一定的 I_{DSS}。

　　当 $u_{GS} > 0$ 时，垂直电场增强，导电沟道变宽，电流 i_D 增大。

当 $u_{GS} < 0$ 时，垂直电场减弱，导电沟道变窄，电流 i_D 减小。

当 $u_{GS} = U_{GS}(off)$ 时，导电沟道全夹断，$i_D = 0$。

2. N 沟道增强型 MOS 管

（1）结构及符号　N 沟道增强型 MOS 管的结构和符号如图 1-36 所示。

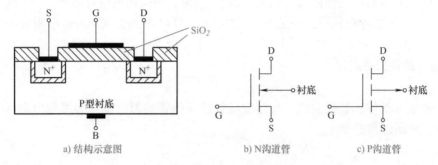

a) 结构示意图　　　　b) N沟道管　　　c) P沟道管

图 1-36　N 沟道增强型 MOS 管的结构和符号

（2）工作原理　N 沟道增强型 MOS 管的工作原理如图 1-37 所示。工作时在栅源之间加正向电源电压 u_{GS}，漏源之间加正向电源电压 u_{DS}，并且衬底与源极连接。

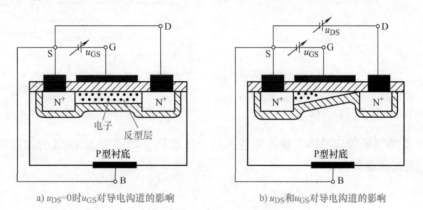

a) $u_{DS}=0$时u_{GS}对导电沟道的影响　　　　b) u_{DS}和u_{GS}对导电沟道的影响

图 1-37　N 沟道增强型 MOS 管的工作原理

1）当 $u_{GS} = 0$ 时，漏极与源极之间没有原始的导电沟道，漏极电流 $i_D = 0$。

2）$u_{GS} > 0$ 时，栅极与衬底之间产生了一个垂直于半导体表面、由栅极 G 指向衬底的电场。这个电场吸引 P 型衬底中的电子到表面层，当 u_{GS} 增大到一定程度时，绝缘体和 P 型衬底的交界面附近积累了较多的电子，形成了 N 型薄层，称为 N 型反型层，如图 1-37a 所示。反型层使漏极与源极之间成为一条由电子构成的导电沟道，当加上漏源电压 u_{DS} 之后，就会有电流 i_D 流过沟道，如图 1-37b 所示（当 $u_{DS} > 0$ 时，G 与 D 间的压差减小，所以导电沟道成楔形）。通常将刚刚出现漏极电流 i_D 时所对应的栅源电压称为开启电压，用 $U_{GS(th)}$ 表示。

3）当 $u_{GS} > U_{GS(th)}$ 时，u_{GS} 增大，电场增强，沟道变宽，沟道电阻减小，i_D 增大；反之 u_{GS} 减小，沟道变窄，沟道电阻增大，i_D 减小。所以改变 u_{GS} 的大小，就可以控制沟道电阻的大小，从而达到控制电流 i_D 的大。随着 u_{GS} 的增强，导电性能也跟着增强，故称之为增强型。

注意：这种管子只有当 $u_{GS} \geqslant U_{GS(th)}$ 时，才能形成导电沟道，并有电流 i_D。当 $u_{GS} < U_{GS(th)}$ 时，反型层（导电沟道）消失，$i_D = 0$。

（3）特性曲线

1）转移特性关系式为

$$i_D = f(u_{GS})\big|_{u_{DS} = 常数}$$

图 1-38 所示为转移特性曲线，当 $u_{GS} < U_{GS(th)}$ 时，导电沟道没有形成，$i_D = 0$。当 $u_{GS} \geqslant U_{GS(th)}$ 时，开始形成导电沟道，并随着 u_{GS} 的增大，导电沟道变宽，沟道电阻变小，电流 i_D 增大。

2）输出特性关系式为

$$i_D = f(u_{DS})\big|_{U_{GS} = 常数}$$

图 1-39 所示为输出特性曲线，与结型场效应晶体管类似，也分为可变电阻区、恒流区（放大区）、夹断区和击穿区。

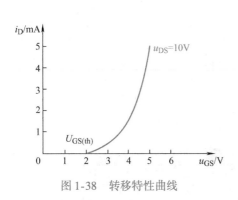

图 1-38 转移特性曲线

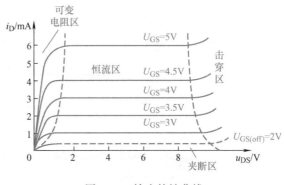

图 1-39 输出特性曲线

其含义与结型场效应晶体管输出特性的几个区相同。增强型 MOS 管的漏极电流 i_D 与栅极电压 u_{GS} 的关系近似为

$$i_D = I_{DO}\left(\frac{u_{GS}}{U_{GS(th)}} - 1\right)^2$$

式中，I_{DO} 是 $u_{GS} = 2U_{GS(th)}$ 时的 i_D。

4.3 场效应晶体管的主要参数

（1）开启电压 $U_{GS(th)}$ 在 u_{DS} 等于某一常量时，使增强型 MOS 管漏极电流 i_D 大于零所需的最小 $|u_{GS}|$ 值。

（2）夹断电压 $U_{GS(off)}$ 在 u_{DS} 等于某一常量时，结型或耗尽型 MOS 管使 $i_D = 0$ 时 u_{GS} 的值。

（3）饱和漏极电流 I_{DSS} 饱和漏极电流是指工作于饱和区时，耗尽型场效应晶体管在 $u_{GS} = 0$ 时的漏极电流。

（4）跨导 g_m 跨导是指在 u_{DS} 为定值的条件下，漏极电流的变化量与栅极、源极之间电压变化量之比，它是衡量场效应晶体管放大能力的重要参数（相当于晶体管的 β 值）。

（5）直流输入电阻 R_{GS} 直流输入电阻是指漏源极间短路时，栅源极间的直流电阻值。

结型管的 R_{GS} 大于 $10^7\Omega$，MOS 管的 R_{GS} 大于 $10^9\Omega$。

（6）栅源击穿电压 $U_{(BR)GS}$　栅源击穿电压是指栅源极间所能承受的最大反向电压，u_{GS} 超过此值时，栅源极间发生击穿，i_D 由零开始急剧增加。

（7）漏源击穿电压 $U_{(BR)DS}$　漏源击穿电压是指漏源极间能承受的最大电压，当 u_{DS} 大于 $U_{(BR)DS}$ 时，栅漏极间发生击穿，i_D 开始急剧增加。

（8）最大耗散功率 P_{DM}　最大耗散功率 $P_{DM} = u_{DS}i_D$，与晶体管的 P_{CM} 类似，受管子最高工作温度的限制。

4.4　场效应晶体管的特点和使用注意事项

1. 场效应晶体管的特点

双极型晶体管（BJT）与场效应晶体管（FET）的比较见表1-6。

表1-6　双极型晶体管（BJT）与场效应晶体管（FET）的比较

	双极型晶体管（BJT）	场效应晶体管（FET）
导电机理	有两种载流子（多子和少子）导电，称双极型器件	只有一种载流子（多子）导电，称单极型器件
控制方式	电流控制 $\Delta i_B \rightarrow \Delta i_C$	电压控制 $\Delta u_{GS} \rightarrow \Delta i_D$
输入电阻	低，$r_{be} = 10^2 \sim 10^4 \Omega$	高，$r_{be} = 10^7 \sim 10^{15} \Omega$
特点	易受温度、辐射等外界条件影响，噪声大。发射极和集电极不能互换，发射结只能外加正向偏置电压	不易受温度、辐射的影响。源极和漏极可互换，制造工艺简单，成本低，功耗小，便于集成

2. 场效应晶体管的使用注意事项

选择场效应晶体管要适应电路的要求。当信号源内阻高，希望得到好的放大作用和较低的噪声系数时，当信号为超高频且要求低噪声时，当信号为弱信号且要求低电流运行时，当要求作为双向导电的开关时，都可以优先选用场效应晶体管。使用场效应晶体管应注意的事项如下：

1）结型场效应晶体管的栅源电压不能接反。MOS 场效应晶体管在不使用时，必须将各极引线短路。焊接时，应将电烙铁外壳接地，以防止由于烙铁带电而损坏管子。不允许在电源接通的情况下拆装场效应晶体管。

2）结型场效应晶体管可用万用表定性检查管子的质量，而绝缘栅型场效应晶体管则不能用万用表检查，必须用测试仪，测试仪需有良好的接地装置，以防止绝缘栅击穿。

3）在 MOS 管中，有的产品将衬底引出（这种管子有4个引脚），可让使用者视电路的需要任意连接。一般来说，应视 P 沟道、N 沟道而异，P 衬底接低电位，N 衬底接高电位。但在某些特殊的电路中，当源极的电位很高或很低时，为了减轻源衬间电压对管子导电性能的影响，可将源极与衬底连在一起。场效应晶体管的漏极与源极可以互换使用，互换后特性变化不大。

4）MOS 场效应晶体管由于输入阻抗极高，所以在运输、储存中必须将引出脚短路，要用金属屏蔽包装，以防止外来感应电动势将栅极击穿。取用时不要拿它的引线（引脚），要拿它的外壳。在焊接时，电烙铁外壳必须接电源地端，或烙铁断开电源后再焊接，新买来的 MOS 管都有一个金属环将管子短路，在电路中正常使用时先焊好后再将环取下。尤其要注意，不能将 MOS 场效应晶体管放入塑料盒子内，保存时最好放在金属盒内，同时也要注意管的防潮。

5）为了防止场效应晶体管栅极感应击穿，要求一切测试仪器、工作台、电烙铁、线路本身都必须有良好的接地。引脚在焊接时，先焊源极。在连入电路之前，管的全部引线端保持互相短接状态，焊接完后再把短接材料去掉。从元器件架上取下管时，应以适当的方式确保人体接地，如采用接地环等。当然，如果能采用先进的气热型电烙铁，焊接场效应晶体管是比较方便的，并且可确保安全。在未关断电源时，绝对不可以把管插入电路或从电路中拔出。以上安全措施在使用场效应晶体管时必须注意。

6）在安装场效应晶体管时，注意安装的位置要尽量避免靠近发热元器件。为了防管件振动，有必要将管壳体紧固起来。引脚引线在弯曲时，应当在距离根部至少 5mm 处进行，以防止弯断引脚和引起漏气等。

7）对于功率型场效应晶体管，要有良好的散热条件。因为功率型场效应晶体管在高负荷条件下运用，必须设计足够的散热器，确保壳体温度不超过额定值，使器件长期稳定可靠地工作。

4.5 场效应晶体管的引脚识别

1. 结型场效应晶体管的引脚识别

（1）判定栅极 G　将万用表拨至 $R \times 1k$ 档，用万用表的黑表笔接任意一电极，红表笔依次去接触其余的两个极，测其电阻，若两次测得的电阻值近似相等，则黑表笔所接触的为栅极，另外两电极为漏极和源极。黑表笔接栅极，红表笔分别接漏极和源极，若两次测出的电阻都很大，则为 P 沟道；若两次测得的阻值都很小，则为 N 沟道。

（2）判定源极 S 和漏极 D　在源-漏之间有一个 PN 结，根据 PN 结正、反向电阻存在差异，可识别 S 极与 D 极。用交换表笔法测两次电阻，其中电阻值较低（一般为几千欧至十几千欧）的一次为正向电阻，此时接黑表笔的是 S 极，接红表笔的是 D 极。

制造工艺决定了场效应晶体管的源极和漏极是对称的，可以互换使用。但是如果衬底与源极连在一起，源极和漏极就不能互换使用。源极与漏极间的电阻为几千欧。

2. 绝缘栅型场效应晶体管的引脚识别

测量之前，先把人体对地短路后，才能触摸 MOS 场效应晶体管的引脚。最好在手腕上接一条导线与大地连通，使人体与大地保持等电位，再把引脚分开，然后拆掉导线。

（1）判定栅极 G　将万用表拨至 $R \times 1k$ 档分别测量三个引脚之间的电阻。若发现某脚与其余两脚的电阻均呈无穷大，并且交换表笔后仍为无穷大，则证明此脚为 G 极，因为它和另外两个引脚是绝缘的。

（2）判定源极 S 和漏极 D　在源-漏之间有一个 PN 结，根据 PN 结正、反向电阻存在差异，可识别 S 极与 D 极。用交换表笔法测两次电阻，其中电阻值较低（一般为几千欧至十几千欧）的一次为正向电阻，此时黑表笔接的是 S 极，红表笔接的是 D 极。

【专项技能训练】

制作感光按键灯

由电池供电的按键灯常常用在橱柜和其他黑暗的地方。轻轻一按，按键灯就会发光，再一按它就会熄灭。图 1-40 是一个按键灯实物。

本次训练使用光敏电阻作为控制灯的开关，制作感光按键灯，原理图如图 1-41 所示。

图 1-40　按键灯

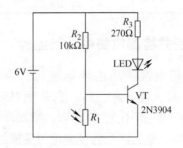

图 1-41　感光按键灯原理图

一、制作前的准备

1. 分析电路的工作过程

图 1-41 是将要制作的电路的原理图。为了方便理解这个电路，需要考虑两种情况：

（1）黑暗环境　当处于黑暗环境中时，光敏电阻 R_1 的阻值会变得很高，因此可以在原理图中等效为光敏电阻不存在。于是电流经电阻 R_2，流入晶体管 VT 的基极与发射极，使发射结正偏，晶体管导通，LED 导通发光。

我们可以用欧姆定律来计算基极电流。晶体管的基极电压大概是 0.5V（注：并非每个晶体管的基极都是 0.5V），因此可以大致估算 10kΩ 电阻 R_2 上的电压为 6V 左右（应小于 6V），由于 $I = U/R$，那么基极电流应该等于 0.6mA。

（2）光照环境　当处于光照环境中时，我们必须把光敏电阻的阻值考虑进去。光照越强，电阻 R_1 的阻值就越低，必须会有更多的电流从晶体管 VT 基极转移到电阻 R_1 上，导致晶体管截止，LED 截止不发光。

2. 制作工具和材料

1）制作工具：常用电子组装工具和万用表。

2）元器件及材料清单见表 1-7。

表 1-7　元器件及材料清单

元器件符号	元器件及材料名称	规　格	数　量
VT	晶体管	2N3904	1
LED	发光二极管	红色或高亮度 LED 灯	1
R_1	光敏电阻	100Ω ~ 100kΩ	1
R_2	碳膜电阻	10kΩ	1
R_3	碳膜电阻	270Ω	1
	干电池	1.5 V	4
	电池盒	2P	1
	焊锡丝		若干
	焊接用细导线		若干
	按键灯		1
	面包板		每人一块

二、识别并检测电路中的元器件

电阻的阻值通常采用色环标注法，在色环表中有十种颜色，分别为黑、棕、红、橙、黄、绿、蓝、紫、灰、白，它分别对应数字为 0 ~ 9。四色环电阻的第一、二环代表阻值的数值；第三环代表 10 的幂；第四环代表误差：金色为 ±5%，银色为 ±10%，无色为 ±20%。例如，电阻四个色环颜色为黄橙红金，前三种颜色对应的数字为 432，金为误差 ±5%，所以该电阻的阻值为 $43 \times 10^2 Ω = 4300Ω$，误差为 ±5%。

1. 识别并检测电阻

具体步骤如下：

1）从外观上识别电阻，观察电阻有无引脚折断、脱落、松动和损坏情况。

2）用万用表测量电阻的阻值，并与标称值比较，完成表 1-8。

表 1-8　识别并检测电阻

电阻编号	识别电阻的标志		实测电阻	判断好坏
	色　环	标称阻值		
R_2				
R_3				

2. 识别并检测晶体管

具体步骤如下：

1）从外观特征识别晶体管。

2）用万用表对本项目中的晶体管进行检测。

3）将测量结果记录到表 1-9 中。

表 1-9　识别并检测晶体管

编　号	型　号	管型判断	β	管子好坏
VT				

三、制作感光按键灯

1. 元器件的布局与搭建

按照电路的原理图和元器件的外形尺寸、封装形式，在面包板上均匀布局。图 1-42a 所示是面包板的最终布局图。

当把 LED 放置在面包板上时，要确保 LED 的正负极方向放置正确。稍长一点的引脚是正极。

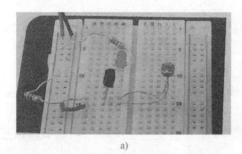 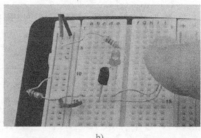

图 1-42　感光按键灯的面包板实物图

2. 通电调试

1）对已完成装配的元器件应仔细检查，包括元器件的位置。

2）根据元器件清单检查元器件数量，确认无误后方可调试。

一切就绪后，用手遮挡光敏电阻，LED 就会被点亮，如图 1-42b 所示。

【技能考核】

项目考核表见表 1-10。

表 1-10　项目考核表

学生姓名	教师姓名	名　称	
		制作感光按键灯	
技能训练考核内容		考核标准	得分
仪器使用规范（10 分）		能正确使用万用表，错误一次扣 2~5 分	
电路中的元器件识别与检测（20 分）		能够正确识别并检测各种元器件，识别错误、检测错误一次扣 2 分	
电路的装配制作（40 分）		按顺序正确装配焊接元器件，顺序不对、工具使用不当一次扣 2 分，损坏元器件每个扣 2 分	
通电调试（20 分）		通电后成功运行及调试，失败一次扣 10 分	
报告（10 分）		字迹清晰、内容完整、结论正确，一处不合格扣 2~5 分	
完成日期		年　　月　　日	总分

【思考与练习】

1-1 填空题

(1) 常用的半导体材料是_____。

(2) 二极管最主要的特性是_____。

(3) 半导体中参与导电的有_____种载流子, 分别是_____和_____。在 N 型半导体中, _____为多数载流子, _____为少数载流子; P 型半导体中, _____为多数载流子, _____为少数载流子。

(4) 工作在放大区的某晶体管, 如果当 I_B 从 12μA 增大到 22μA 时, I_C 从 1mA 变为 2mA, 那么它的 β = _____。

(5) 晶体管的三个工作区域分别是_____、_____和_____。

(6) 晶体管在放大电路中的三种基本连接方式分别是_____、_____和_____。

(7) 双极型晶体管是指它内部参与导电的载流子有_____种。

(8) 晶体管工作在放大区时, 它的发射结保持_____偏置, 集电结保持_____偏置。

(9) 测得晶体管 3 个电极的静态电流分别为 0.06mA、3.66mA 和 3.6mA, 则该管的 β 为_____。

(10) 只用万用表判别晶体管三个电极, 最先判别出的应是_____极。

(11) 场效应晶体管是_____控制器件。

(12) 在某放大电路中, 晶体管三个电极的电流如图 1-43 所示。已量出 $I_1 = -1.2\text{mA}$, $I_2 = -0.03\text{mA}$, $I_3 = 1.23\text{mA}$。由此可知: 电极①是_____极, 电极②是_____极, 电极③是_____极。此晶体管的电流放大系数 β 约为_____。此晶体管的类型是_____型 (PNP 或 NPN)。

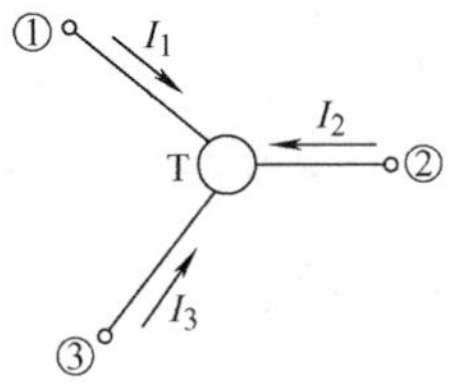

图 1-43 题 1-1(12) 图

1-2 选择题

(1) 发光二极管正常工作时, 外加 ( ) 电压; 而光敏二极管正常工作时, 外加 ( ) 电压。

A. 正向　　　　　　　B. 反向　　　　　　　C. 击穿

(2) 下面哪一种情况下二极管的单向导电性好? ( )

A. 正向电阻小, 反向电阻大　　　　　B. 正向电阻大, 反向电阻小

C. 正向电阻、反向电阻都小　　　　　D. 正向电阻、反向电阻都大

(3) 稳压二极管是利用 PN 结的 ( )。

A. 单向导电性　　　B. 反向击穿特性　　　C. 电容特性

(4) 温度升高时, 晶体管的 β 值将 ( )。

A. 增大　　　　　　B. 减少　　　　　　C. 不变　　　　　　D. 不能确定

(5) 测得某放大电路中晶体管的三个电极 1、2、3 对地点的电位分别为 -11V、-6V、-6.7V, 则 1 电极为 ( ) 极, 2 电极为 ( ) 极, 3 电极为 ( ) 极。

A. 集电　　　　　　B. 发射　　　　　　C. 基极

（6）在杂质半导体中，多数载流子的浓度主要取决于（　　）。

A. 温度　　　　　　B. 掺杂工艺　　　　　C. 杂质浓度　　　　D. 晶体缺陷

1-3　PN 结的伏安特性有何特点？

1-4　既然晶体管具有两个 PN 结，可否用两只二极管背靠背地相连以构成一只晶体管？请说明理由。

1-5　能否将晶体管的发射极与集电极交换使用？为什么？

1-6　现有两只晶体管，A 管的 $\beta = 200$，$I_{CEO} = 200\mu A$；B 管的 $\beta = 50$，$I_{CEO} = 10\mu A$，其他参数大致相同，用作放大时最好选用哪只管？

1-7　试估算图 1-44 所示各电路中流过二极管的电流和 A 点的电位（设二极管的正向导通压降为 0.7V）。

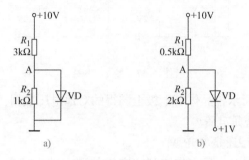

图 1-44　题 1-7 图

1-8　测得工作在放大电路中两个晶体管的三个电极电流如图 1-45 所示。

（1）判断它们各是 NPN 型管还是 PNP 型管，并在图中标出 E、B、C 极。

（2）估算图 1-45 中晶体管的 β 值。

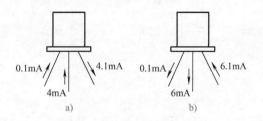

图 1-45　题 1-8 图

1-9　试写出图 1-46 所示场效应晶体管符号所代表的管子类型。

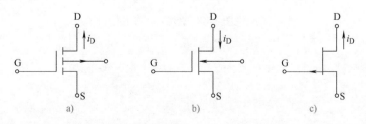

图 1-46　题 1-9 图

1-10 二极管电路如图1-47所示，试判断图中的二极管是导通还是截止，并求出A、B两端电压 U_{AB}。设二极管为理想器件。

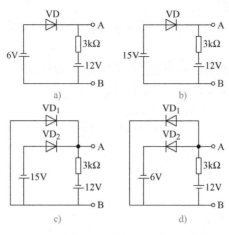

图1-47 题1-10图

1-11 根据图1-48所示各晶体管电极上测得的对地电压数据，分析：

(1) 晶体管是锗管还是硅管？

(2) 晶体管是NPN型还是PNP型？

(3) 晶体管是处于放大、截止或饱和状态中的哪一种？或是已经损坏？指出哪个结已坏，是烧断还是短路？

提示：注意在放大区，硅管 $|U_{BE}| = |U_B - U_E| \approx 0.7\text{V}$，锗管 $|U_{BE}| \approx 0.3\text{V}$，且 $|U_{CE}| = |U_C - U_E| > 0.7\text{V}$；而处于饱和区时，$|U_{CE}| \leq 0.7\text{V}$。

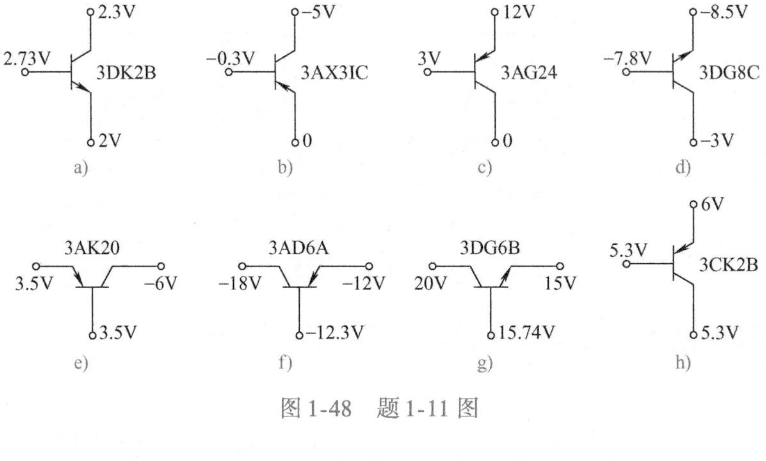

图1-48 题1-11图

项目2 放大电路的认识及应用

放大电路（Amplification Circuit）是能增加电信号幅度或功率的电子电路。现代电子系统中，电信号的产生、发送、接收、变换和处理，几乎都以放大电路为基础。

在我们的日常生活和科研工作中，常常会遇到放大电路。语音放大电路就是其中的一种，它能将微弱的声音信号放大，并通过耳机或扬声器发出悦耳的声音。图2-1所示电路为一款助听器，当耳聋患者使用时，戴上耳塞式耳机，并将插头插入助听器的耳机插孔（XS）内，电路即自动通电工作，对着驻极体传声器说话，耳机里能听到宏亮的声音。拔出插头，助听器即自动断电停止工作。

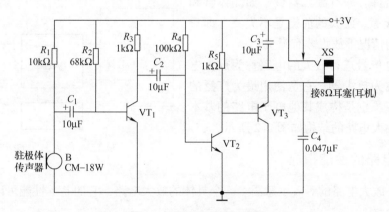

图 2-1　助听器电路原理图

图2-1中由晶体管 VT_1、VT_2 等器件组成的放大电路是如何实现信号放大的？放大电路有哪些主要性能指标？如何分析放大电路呢？

本项目将通过由晶体管所组成的基本放大电路的分析，使读者建立起放大电路的一些基本概念以及掌握放大电路的分析方法。本项目是本书的一个重点内容。其中基本放大电路及许多重要概念和分析方法等内容，不仅是学习放大器的基础，而且对于学习其他电子电路也是十分重要的。

知识目标：

1. 掌握基本放大电路的组成及各元器件的作用。
2. 理解放大电路静态工作点和主要性能指标的意义。
3. 掌握放大电路的分析方法，能计算放大电路的静态工作点和主要性能指标。
4. 了解电子电路的习惯画法。

技能目标：

1. 会用仪器、仪表对电路中元器件的性能指标进行测量。
2. 能根据要求正确选用放大器；能正确测试放大电路的参数。
3. 能用示波器与低频信号发生器、万用表正确调试放大电路。

任务1　了解放大电路的基本概念

任务要求：

　　1. 理解放大的含义。

　　2. 理解放大电路性能指标的含义。

1.1　放大的含义

　　所谓放大，表面看来是将信号的幅度由小增大，但在电子技术中，放大的本质首先是实现能量的控制。这种小能量对大能量的控制作用就是放大作用。放大电路中必须存在能够控制能量的元器件，即有源元器件，如晶体管和场效应晶体管等。放大的前提是不失真，即只有在不失真的情况下放大才有意义。

　　用来对电信号进行放大的电路称为放大电路，习惯上称为放大器，它是使用最为广泛的电子电路之一，也是构成其他电子电路的基本单元电路。放大电路的结构如图2-2所示。

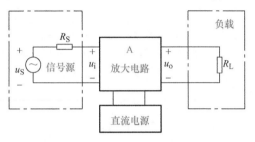

图 2-2　放大电路的结构

1.2　放大电路的性能指标

　　图2-3是放大电路的等效示意图。一个具体的放大电路，它的基本性能可以用以下几个指标来进行衡量。

　　放大电路的性能指标是衡量其品质优劣的标准，并决定其适用范围。本节主要讨论放大电路的电压放大倍数、输入电阻、输出电阻和通频带等几项主要指标。

　　任何一个放大电路，均可将其视为一个二端口网络，如图2-3所示。其中

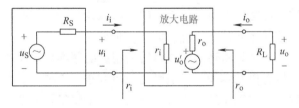

图 2-3　放大电路的等效示意图

左边为输入端口，当内阻为 R_S 的正弦波信号源 u_S 作用到放大电路时，放大电路得到输入电压 u_i，同时产生输入电流 i_i；右边为输出端口，输出电压为 u_o，输出电流为 i_o，R_L 为负载。

1. 放大倍数

放大倍数是直接衡量放大电路放大能力的重要指标。

（1）电压放大倍数 A_u　放大器输出电压瞬时值 u_o 与输入电压瞬时值 u_i 的比值称为电压放大倍数。

$$A_u = u_o / u_i \tag{2-1}$$

（2）电流放大倍数 A_i　放大器输出电流瞬时值 i_o 与输入电流瞬时值 i_i 的比值称为电流放大倍数。

$$A_i = i_o / i_i \qquad (2\text{-}2)$$

工程上常用分贝（dB）表示放大倍数，称为增益，定义如下：

电压增益 $\qquad A_u(\text{dB}) = 20\lg|A_u|$

电流增益 $\qquad A_i(\text{dB}) = 20\lg|A_i|$

注：本项目重点研究电压放大倍数。

2. 输入电阻

在放大电路输出端接入负载电阻 R_L 的情况下，放大电路输入端加上交流信号电压 u_i，将在输入回路产生输入电流 i_i，u_i 与 i_i 的比值称为放大电路的输入电阻，用 r_i 表示，即

$$r_i = \frac{u_i}{i_i} \qquad (2\text{-}3)$$

输入电阻是放大电路输入端对信号源的等效电阻，如图 2-4 所示。这个电阻值越大，则放大器要求信号源提供的信号电流越小，信号源内阻的压降就越小，信号电压损失越少。在电压放大电路中总希望放大电路输入电阻大一些。然而，为使输入电流大一些，则需要使 r_i 小一些。因此放大电路输入电阻的大小要根据要求而定。

3. 输出电阻

放大电路的输出端可以用一个实际电压源模型等效，如图 2-4 所示。其中 r_o 就是放大器的输出电阻。输出电阻定义为输入信号电压源短路，即 $u_S = 0$（保留其内阻 R_S），并断开负载时，从放大电路的输出端看进去的交流等效电阻，即

$$r_o = \frac{u_o}{i_o} \qquad (2\text{-}4)$$

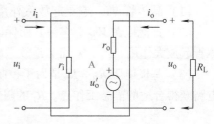

图 2-4 放大电路的输入与输出电阻

在电压放大电路中输出电阻越小，输出电流越大，放大电路带负载能力越强，并且负载变化时，对放大电路影响越小，所以输出电阻越小越好。

4. 通频带

放大器在放大不同频率的信号时，其放大倍数是不一样的。通常放大器的放大能力只适应于一个特定频率范围的信号。在一定频率范围内，放大器的放大倍数稳定，这个频率范围为中频区。离开中频区，随着频率的升高或下降都将使放大倍数急剧下降，如图 2-5 所示。信号频率下降到使放大倍数为中频时的 0.707 倍时所对应的频率称为下限频率，用 f_L 表示。同理，信号频率上升使放大倍数下降到中频时的 0.707 倍时所对应的频率称为上限频率，用 f_H 表示。f_L 与 f_H 之间的频率范围称为通频带，记作 BW，即

$$BW = f_H - f_L$$

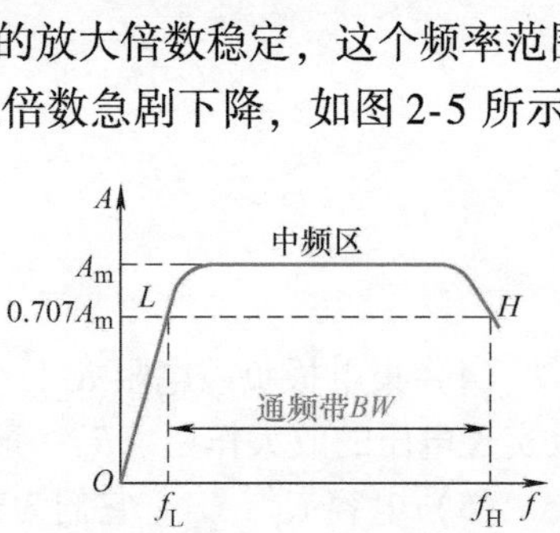

通频带用于衡量放大电路对不同频率信号的放大能

图 2-5 放大电路的通频带

力。通频带越宽表明放大电路对不同频率信号的适应能力越强。在实际电路中，有时也希望频带窄一些，如选频放大电路，可以避免干扰和噪声的影响。

任务2　认识基本共发射极放大电路

任务要求：

1. 掌握共发射极放大电路元器件的作用及放大过程。
2. 掌握确定静态工作点的方法。
3. 掌握确定动态性能指标的方法。
4. 掌握以下概念：静态和动态、直流通路和交流通路、微变等效电路、静态工作点、饱和及截止失真、动态性能指标。

本任务将以 NPN 型晶体管组成的基本共发射极放大电路为例，阐明放大电路的组成原则、电路中各元器件的作用及分析方法。

2.1　共发射极放大电路的组成及各部分的作用

基本共发射极放大电路如图 2-6 所示，各组成部分及作用如下：

（1）晶体管 VT　它是起放大作用的核心器件。电路偏置必须使晶体管工作在放大区。

（2）直流电源 V_{CC}　它一方面保证集电结处于反向偏置，发射结处于正向偏置，以使晶体管起放大作用，另一方面又是放大电路的能源。

（3）基极电阻 R_B　R_B 是为了控制基极电流的大小，提供大小适当的基极电流，使放大电路获得合适的静态工作点。R_B 的阻值一般为几十千欧至几百千欧。

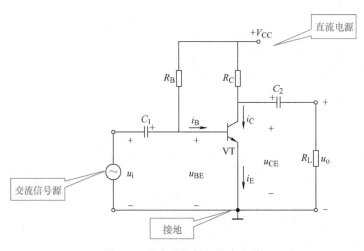

图 2-6　基本共发射极放大电路

（4）集电极负载电阻 R_C　它将集电极电流的变化转换成集电极-发射极间的电压变化，以实现电压的放大作用。R_C 一般取值为几千欧至几十千欧。

（5）电容 C_1、C_2　它们为输入、输出隔直电容，又称耦合电容。有两个作用：其一是隔直作用，C_1 隔断信号源与放大电路之间的直流通路，C_2 隔断放大电路与负载之间的直流通路；其二是交流耦合作用，使交流信号畅通无阻。当输入端加上信号 u_i 时，可以通过 C_1 送到晶体管的基极和发射极之间，而放大了的信号电压经 C_2 耦合到负载 R_L 上。C_1、C_2 容量较大，一般取 $5 \sim 50\mu F$。容量大对通交流是有利的，当信号频率高时，在分析放大电路的交流通路时，C_1、C_2 对交流信号可视为短路。C_1、C_2 一般采用极性电容（如电解电容），因此连接时一定要注意极性。

2.2 电路中的信号及波形

由图 2-6 可以看到，放大电路既有直流电压源提供的直流信号，又有待放大的交流信号，电路中实际的信号就是直流信号和交流信号的叠加。

1. 直流分量

当输入信号 $u_i = 0$ 时，电路的状态称为静态，此时电路在直流电源的作用下产生的信号称为直流分量，用大写字母和大写下角标表示。如基极电流用 I_B 表示，集电极电流用 I_C 表示，基极对地的电压用 U_B 表示，集电极与发射极之间的电压用 U_{CE} 表示。

2. 交流分量

将直流电源去掉，只加交流信号源，此时电路在交流信号源的作用下，产生的信号称为交流分量，用小写字母和小写下角标表示，如基极电流用 i_b 表示，集电极电流用 i_c 表示，基极对地的电压用 u_b 表示，集电极与发射极之间的电压用 u_{ce} 表示。

3. 合成信号

实际电路是在这两种信号的共同作用下工作的，此时的信号称为总信号，用小写字母和大写下角标表示，如基极电流用 i_B 表示，集电极电流用 i_C 表示，基极对地的电压用 u_B 表示，集电极与发射极之间的电压用 u_{CE} 表示。

基极电流的三种信号波形如图 2-7 所示，其他信号波形与此类似。

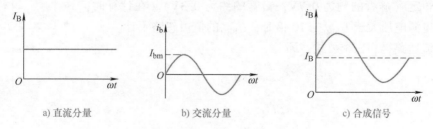

a) 直流分量　　　　b) 交流分量　　　　c) 合成信号

图 2-7　晶体管基极电流的三种波形

2.3 分析共发射极放大电路

放大电路的分析主要围绕晶体管的静态工作点的设置和放大电路的技术指标展开，从静态和动态两个方面来进行分析。

1. 静态分析

所谓静态，是指输入信号为零时放大电路的工作状态。静态分析的目的是通过直流通路分析放大电路中晶体管的工作状态，确保晶体管工作在放大区，这是放大器正常工作的前提。

（1）静态工作点　放大器在没加输入信号时，可以确定晶体管的基极电流、集电极电流、基极与发射极间电压以及集电极与发射极之间的电压，即 I_B、I_C、U_{BE} 和 U_{CE}。根据这些值可以在晶体管的输入、输出特性曲线上确定一个点，用 Q 表示，如图 2-8 所示，该点称为静态工作点，或简称 Q 点。通常静态工作点处的电流、电压用 I_{BQ}、I_{CQ}、U_{BEQ}、U_{CEQ} 表示。

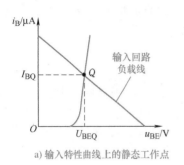
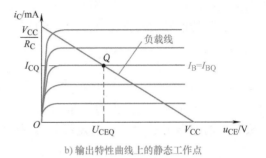

a) 输入特性曲线上的静态工作点　　　　　　b) 输出特性曲线上的静态工作点

图 2-8　晶体管静态工作点

设置合适的静态工作点可使晶体管处于放大状态，放大电路输出波形不产生失真，电路才能正常放大。静态工作点也影响着放大电路的几乎所有动态参数。

（2）直流通路　直流通路是指无输入信号（$u_i = 0$）时即在直流电源作用下的电流（直流电流）的通路，用于研究静态工作点。画直流通路时，将耦合电容看成开路，电感看成短路（忽略线圈电阻），信号源视为短路，但应保留其内阻，其他元器件不变。图 2-6 的直流通路如图 2-9 所示。

（3）静态工作点（Q 点）的估算　在工程上对静态工作点的分析常常采用估算法。对于工作在放大状态的晶体管而言，U_{BEQ} 的估算值基本恒定（硅管的约为 0.7V，锗管的约为 0.3V）。在计算时，若电路的电源电压大于 U_{BEQ} 的 10 倍时，U_{BEQ} 的值可忽略不计。

由直流通路得到三个公式，即

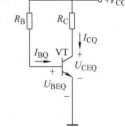

图 2-9　直流通路

$$I_{BQ} = \frac{V_{CC} - U_{BEQ}}{R_B} \qquad (2\text{-}5)$$

$$I_{CQ} = \beta I_{BQ} \qquad (2\text{-}6)$$

$$U_{CEQ} = V_{CC} - I_{CQ}R_C \qquad (2\text{-}7)$$

注：需要强调的是式(2-6)只有在晶体管工作在放大区时才成立，所以当计算时出现了数据如 $U_{CE} < 1\text{V}$ 或为负值时，就要分析此时的晶体管是否工作于放大区了。

在图 2-9 所示的电路中，只要 V_{CC}、R_B、R_C 不变，则静态工作点基本不变，所以该电路又称为固定偏置式共发射极放大电路，但在外部因素（温度）影响下静态工作点会有所变动。

【例2-1】已知图 2-9 所示电路中，$V_{CC} = 12\text{V}$，$R_C = 3\text{k}\Omega$，$R_B = 300\text{k}\Omega$，晶体管型号为 3DG6，$\beta = 50$。求：

（1）放大电路的静态工作点 Q 点。

（2）若偏置电阻 $R_B = 30\mathrm{k}\Omega$，试计算放大电路的静态工作点，并分析此时晶体管的工作状态。

解：（1）$I_{BQ} = \dfrac{V_{CC} - U_{BEQ}}{R_B} = \dfrac{12 - 0.7}{300}\mathrm{mA} = 0.038\mathrm{mA} = 38\mu\mathrm{A}$

$I_{CQ} = \beta I_{BQ} = 50 \times 0.038\mathrm{mA} = 1.9\mathrm{mA}$

$U_{CEQ} = V_{CC} - I_{CQ}R_C = (12 - 1.9 \times 3)\mathrm{V} = 6.3\mathrm{V}$

（2）当 $R_B = 30\mathrm{k}\Omega$ 时，静态工作点的变化为

$$I_{BQ} = \frac{V_{CC} - U_{BEQ}}{R_B} = \frac{12 - 0.7}{30}\mathrm{mA} = 0.38\mathrm{mA} = 380\mu\mathrm{A}$$

假设晶体管仍工作在放大区，由式(2-6) 可得

$$I_{CQ} = \beta I_{BQ} = 50 \times 0.38\mathrm{mA} = 19\mathrm{mA}$$

$$U_{CEQ} = V_{CC} - I_{CQ}R_C = (12 - 19 \times 3)\mathrm{V} = -45\mathrm{V}$$

很明显上述假设是错误的，因为 U_{CEQ} 不可能为负值。问题出在错误使用了式(2-6)。当集电极电位小于基极电位时，晶体管已由放大区完全进入饱和区，式(2-6) 已不再适用。

当晶体管工作在饱和区时，其集电极和发射极之间的电压用 U_{CES}（饱和电压）来表示。对于硅管，U_{CES} 取 0.3V，锗管取 0.1V。集电极电流用 I_{CS}（集电极饱和电流）表示，基极电流用 I_{BS}（基极饱和电流）表示。

如果晶体管处于临界饱和状态时，即晶体管临界于放大区和饱和区之间（在输出特性曲线的起始上升到平坦的拐弯处），此时公式 $I_{CS} = \beta I_{BS}$ 仍适用。

由图 2-9 可得临界饱和状态下

$$I_{CS} = \frac{V_{CC} - U_{CES}}{R_C} = \frac{12 - 0.3}{3}\mathrm{mA} = 3.9\mathrm{mA} \tag{2-8}$$

$$I_{BS} = \frac{I_{CS}}{\beta} = \frac{3.9}{50}\mathrm{mA} = 0.078\mathrm{mA} \tag{2-9}$$

因为 $I_{BQ} > I_{BS}$，所以晶体管工作在饱和区。此时例题中的电路静态工作点应按下式计算：

$$U_{CEQ} = U_{CES} = 0.3\mathrm{V}$$

$$U_{BEQ} = 0.7\mathrm{V}$$

$$I_{CQ} = I_{CS} = 3.9\mathrm{mA}$$

通过分析可知，若静态工作点不合适，则晶体管可能不会工作在放大区，引起输出信号的波形失真。所谓失真，是指输出信号的波形与输入信号的波形不成比例的现象。现将失真现象进行归纳，见表 2-1。

当 Q 点在晶体管的特性曲线上的位置过低时，虽然输入信号是正弦波，但是晶体管进入截止区，从而导致 u_o 波形产生顶部失真。这种因晶体管截止而产生的失真称为截止失真。为了消除截止失真，可减小基极电阻。当 Q 点过高时，晶体管进入饱和区，从而导致 u_o 波形产生底部失真。这种因晶体管饱和而产生的失真称为饱和失真。为了消除饱和失真就要降低 Q 点，可增大基极电阻或减小集电极电阻。因此，要保证放大电路能正常放大信号，应使 Q 点在放大区的中间位置。

表 2-1　失真现象

类　　型	产 生 原 因	引 起 现 象	消 除 方 法
截止失真	基极电阻过大	导致 u_o 波形产生顶部失真	减小基极电阻
饱和失真	基极电阻过小或集电极电阻过大	导致 u_o 波形产生底部失真	增大基极电阻或减小集电极电阻

静态工作点除了可以用估算法来进行求解外，还可以用图解法来确定，本书略去不讲，读者可参阅其他教材。

2. 动态分析

所谓动态，是指放大电路加入交流输入信号（$u_i \neq 0$）时的状态。动态分析的主要任务是确定放大电路的电压放大倍数 A_u、输入电阻 r_i 和输出电阻 r_o。

（1）放大电路的交流通路　交流通路是指有信号时即在输入信号作用下的交流分量（变化量）的通路，用来计算电压放大倍数、输入电阻、输出电阻等动态参数。

在信号频率范围内，画交流通路时，电路中耦合电容 C_1、C_2 容抗很小，要视为短路；直流电源（$+V_{CC}$）的内阻一般很小，也可以忽略，视为短路，其他元器件不变。按此原则画出图 2-6 中基本共发射极放大电路的交流通路，如图 2-10 所示。

（2）放大电路的微变等效电路　在交流通路中还不能直接进行计算得到需要的性能指标，因此要将交流通路再变换成微变等效电路。

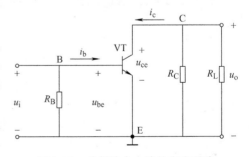

图 2-10　共射放大电路的交流通路

所谓微变等效电路就是在输入信号较小的情况下，把晶体管特性线性化，用一个微变等效电路模型来等效，然后对等效电路进行计算，得到需要的性能指标。

在微变等效电路中，晶体管的 B 和 E 之间可以用一个输入电阻来等效，用 r_{be} 来表示，一般为几百欧至几千欧，它表示了晶体管的输入特性。低频小功率晶体管的输入电阻常用式(2-8)估算。

$$r_{be} = 300\Omega + (1+\beta)\frac{26\text{mV}}{I_{EQ}(\text{mA})} \tag{2-8}$$

式中，I_{EQ} 为晶体管静态工作点的发射极电流；β 为晶体管的交流电流放大系数。

C、E 间可用一个输出电流为 βi_b 的受控电流源来等效，电流源是一个大小和方向均受 i_b 控制的受控电流源。综上所述，NPN 型晶体管的微变等效电路如图 2-11 所示。

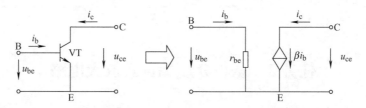

图 2-11　晶体管的微变等效电路模型

图 2-10 所示共发射极放大电路的微变等效电路如图 2-12 所示。

（3）估算动态性能指标

1）电压放大倍数 A_u：放大器的输出电压瞬时值 u_o 与输入电压瞬时值 u_i 的比值称为电压放大倍数。

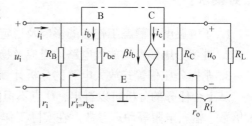

图 2-12　共发射极放大电路的微变等效电路

$$A_u = \frac{u_o}{u_i} = \frac{-\beta i_b R'_L}{i_b r_{be}} = -\beta \frac{R'_L}{r_{be}} \tag{2-9}$$

式中，负号表示输出电压和输入电压的相位相反；$R'_L = R_C /\!/ R_L$。

2）输入电阻 r_i：从放大电路输入端看进去的电阻，即

$$r_i = \frac{u_i}{i_i} = (R_B /\!/ r_{be}) \tag{2-10}$$

低频小功率晶体管的 r_{be} 较小，只有 $1 \sim 2\text{k}\Omega$，一般有 $R_B \gg r_{be}$，可以认为基本共发射极放大电路的输入电阻近似为 r_{be}，显然这个阻值并不太大。

3）输出电阻 r_o：从输出端向放大电路端看进去的动态电阻，因为电流源的内阻几乎是无穷大，所以可以得到

$$r_o \approx R_C \tag{2-11}$$

【例 2-2】放大电路如图 2-6 所示。其中晶体管为 3DG8，其 β 值为 44，基极偏置电阻 $R_B = 510\text{k}\Omega$，集电极电阻 $R_C = 6.8\text{k}\Omega$，负载 $R_L = 6.8\text{k}\Omega$，电源电压为 20V。求：

（1）估算静态工作点，并确定其位置是否合理。

（2）电压放大倍数 A_u、输入电阻 r_i 和输出电阻 r_o。

解：（1）$I_{BQ} = \dfrac{V_{CC} - U_{BEQ}}{R_B} \approx \dfrac{V_{CC}}{R_B} \approx 0.04\text{mA}$

$\qquad I_{CQ} = \beta I_{BQ} = 44 \times 0.04\text{mA} = 1.8\text{mA}$

$\qquad U_{CEQ} = V_{CC} - I_{CQ}R_C = 20\text{V} - 1.8 \times 6.8\text{V} \approx 8\text{V}$

静态工作点合适，晶体管工作在放大状态。

（2）$I_{EQ} \approx I_{CQ}$

$$r_{be} = 300\Omega + (1 + \beta)\frac{26mV}{I_{EQ}(mA)} = 950\Omega$$

$$A_u = -\beta\frac{R'_L}{r_{be}} = -157$$

$$r_i \approx r_{be} = 0.95k\Omega$$

$$r_o \approx R_C = 6.8k\Omega$$

任务3　认识分压偏置式放大电路

任务要求：

1. 了解温度对静态工作点的影响及稳定工作点的方法。
2. 理解分压偏置式放大电路的组成及稳定工作点的原理。
3. 掌握分压偏置式放大电路的分析计算方法，会求 Q 点、A_u、r_i 和 r_o。

从上个任务的分析可以看出，Q 点不但决定了电路是否会产生失真，而且还影响电压放大倍数、输入电阻等动态参数。在实际工作中，电源电压的波动、元器件老化以及因温度变化所引起的晶体管参数的变化，都会造成静态工作点的不稳定，从而使动态参数不稳定，有时电路甚至无法正常工作。在引起 Q 点不稳定的诸多因素中，温度对晶体管参数的影响是最主要的。基本共发射极放大电路（固定偏置式放大电路）结构简单，但它的静态工作点会因为温度的变化而不稳定，引起输出电压波形失真，因而在实际中很少使用。为了稳定静态工作点，放大电路的结构通常采用分压偏置式。

3.1　分压偏置式放大电路组成

分压偏置式放大电路及直流通路如图 2-13a 所示。

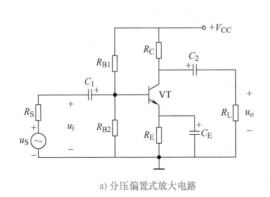

a) 分压偏置式放大电路

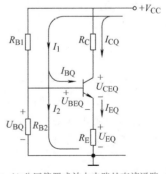

b) 分压偏置式放大电路的直流通路

图 2-13　分压偏置式放大电路及直流通路

3.2 分析分压偏置式放大电路

1. 静态分析

分压偏置式放大电路的直流通路如图 2-13b 所示，通常使参数的选取满足流过 R_{B1}、R_{B2} 的直流电流 I_1 远大于基极电流 I_{BQ}，因此 $I_1 \approx I_2$，可得到晶体管基极对地电压为

$$U_{BQ} \approx \frac{R_{B2}}{R_{B1} + R_{B2}} V_{CC} \tag{2-12}$$

式(2-12) 表明，晶体管的基极电位是由直流电源 V_{CC} 经过 R_{B1}、R_{B2} 的分压而获得，与环境温度无关，即当温度变化时 U_{BQ} 基本不变。所以，该电路又称为"分压偏置式工作点稳定直流通路"。

由于 $U_{EQ} = U_{BQ} - U_{BEQ}$，所以发射极电流为

$$I_{EQ} \approx \frac{U_{BQ} - U_{BEQ}}{R_E} \tag{2-13}$$

$$I_{CQ} \approx I_{EQ}, \quad I_{BQ} \approx I_{EQ}/\beta$$

$$U_{CEQ} = V_{CC} - I_{CQ}R_C - I_{EQ}R_E \approx V_{CC} - I_{CQ}(R_C + R_E) \tag{2-14}$$

由于晶体管的 β、I_{CQ} 和 U_{BEQ} 等参数都与工作温度有关，当温度升高时，$I_{CQ}\uparrow(I_{EQ}\uparrow)\rightarrow U_{EQ}\uparrow(U_{BQ}基本不变)\rightarrow U_{BEQ}\downarrow\rightarrow I_{BQ}\downarrow\rightarrow I_{CQ}\downarrow$。当温度降低时，$I_{CQ}\downarrow(I_{EQ}\downarrow)\rightarrow U_{EQ}\downarrow(U_{BQ}基本不变)\rightarrow U_{BEQ}\uparrow\rightarrow I_{BQ}\uparrow\rightarrow I_{CQ}\uparrow$。$I_{CQ}$ 和 U_{CEQ} 基本保持不变，所以静态工作点也基本稳定。由此可见，分压偏置式放大电路可以较好地保持静态工作点稳定，使输出波形不失真。

2. 动态分析

分压偏置式放大电路的交流通路如图 2-14a 所示，由交流通路可以得到其微变等效电路，如图 2-14b 所示。

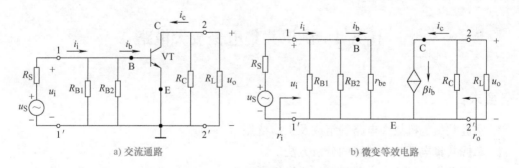

a) 交流通路　　　　　　　　　　b) 微变等效电路

图 2-14　分压偏置式放大电路

（1）电压放大倍数

$$u_o = -\beta i_b(R_C /\!/ R_L) = -\beta i_b R'_L$$

$$u_i = i_b r_{be}$$

式中，$R'_L = R_C /\!/ R_L$。所以，放大电路的电压放大倍数为

$$A_u = \frac{u_o}{u_i} = \frac{-\beta i_b R'_L}{i_b r_{be}} = -\frac{\beta R'_L}{r_{be}} \tag{2-15}$$

式中，负号说明输出电压 u_o 与输入电压 u_i 反相。

（2）输入电阻

$$r_i = R_{B1} /\!/ R_{B2} /\!/ r_{be} \approx r_{be} \tag{2-16}$$

（3）输出电阻

$$r_o = R_C \tag{2-17}$$

【例2-3】 在图2-13所示电路中，已知电源电压为 $V_{CC} = 24\text{V}$，其 β 值为66，基极偏置电阻 $R_{B1} = 33\text{k}\Omega$，$R_{B2} = 10\text{k}\Omega$，集电极电阻 $R_C = 3.3\text{k}\Omega$，$r_{be} = 0.8\text{k}\Omega$，$R_E = 1.5\text{k}\Omega$，负载 $R_L = 5.1\text{k}\Omega$。

（1）估算静态工作点。

（2）计算电压放大倍数 A_u、输入电阻 r_i 和输出电阻 r_o。

解：（1）$U_{BEQ} = 0.7\text{V}$

$$U_{BQ} \approx \frac{R_{B2}}{R_{B1} + R_{B2}} V_{CC} = \frac{10}{33 + 10} \times 24\text{V} = 5.6\text{V}$$

$$I_{CQ} \approx I_{EQ} = \frac{U_{BQ} - U_{BEQ}}{R_E} = \frac{5.6 - 0.7}{1.5}\text{mA} = 3.3\text{mA}$$

$$I_{BQ} = \frac{I_{CQ}}{\beta} = \frac{3.3}{66}\text{mA} = 0.05\text{mA}$$

$$U_{CEQ} = V_{CC} - I_{CQ}(R_C + R_E) = 24\text{V} - 3.3 \times (3.3 + 1.5)\text{V} = 8.2\text{V}$$

（2）$A_u = \dfrac{u_o}{u_i} = \dfrac{-\beta i_b R_C /\!/ R_L}{i_b r_{be}} = -\dfrac{\beta R_C /\!/ R_L}{r_{be}} = -165$

$$r_i \approx r_{be} = 0.8\text{k}\Omega$$

$$r_o = R_C = 3.3\text{k}\Omega$$

任务4　认识共集电极放大电路

任务要求：

1. 掌握共集电极放大电路的组成及工作特点。

2. 掌握共集电极放大电路的分析方法。

3. 了解共集电极放大电路的一般应用场合。

共集电极放大电路如图2-15a所示，图2-15b、c分别是它的直流通路和交流通路。由交流通路看，晶体管的集电极交流接地，输入信号 u_i 和输出信号 u_o 以它为公共端，故称它为共集电极放大电路。R_B 是基极偏置电阻，R_E 是发射极电阻，C_1 和 C_2 是耦合电容，R_L 是负载。

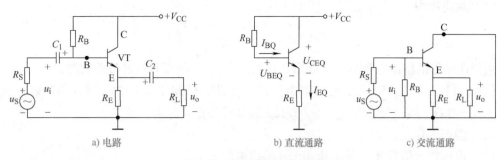

图 2-15 共集电极放大电路

4.1 分析共集电极放大电路

1. 静态分析

直流电源 V_{CC} 通过偏置电阻 R_B 为发射结提供正偏电压，由图 2-15b 可列出输入回路的直流方程为

$$V_{CC} = I_{BQ}R_B + U_{BEQ} + I_{EQ}R_E = I_{BQ}R_B + U_{BEQ} + (1+\beta)I_{BQ}R_E \tag{2-18}$$

$$I_{BQ} = \frac{V_{CC} - U_{BEQ}}{R_B + (1+\beta)R_E} \tag{2-19}$$

$$I_{CQ} = \beta I_{BQ} \tag{2-20}$$

$$U_{CEQ} = V_{CC} - I_{EQ}R_E = V_{CC} - (1+\beta)I_{BQ}R_E \tag{2-21}$$

2. 动态分析

根据图 2-15c 所示交流通路可画出放大电路微变等效电路，如图 2-16 所示。

（1）电压放大倍数

$$u_i = i_b r_{be} + i_e(R_E /\!/ R_L) = i_b r_{be} + (1+\beta)i_b R_L'$$

$$u_o = i_e(R_E /\!/ R_L) = (1+\beta)i_b R_L'$$

因此电压放大倍数为

$$A_u = \frac{u_o}{u_i} = \frac{(1+\beta)R_L'}{r_{be} + (1+\beta)R_L'} \tag{2-22}$$

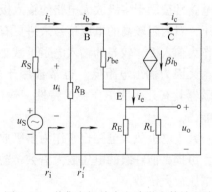

图 2-16 共集电极放大电路微变等效电路

一般有 $r_{be} \ll (1+\beta)R_L'$，因此 $A_u \approx 1$，这说明共集电极放大电路的输出电压与输入电压不但大小近似相等，而且相位相同。由于输出信号 u_o 取自发射极，即输出电压有跟随输入电压的特点，因此，共集电极放大电路又称射极跟随器。

（2）输入电阻

$$r_i = \frac{u_i}{i_i} = R_B /\!/ [r_{be} + (1+\beta)R_L'] \tag{2-23}$$

一般 R_B 阻值在几十千欧到几百千欧之间，所以射极跟随器的输入电阻比较大，从信号源索取的电流就比较小，有利于与微弱信号源的衔接。

（3）输出电阻

$$r_{\mathrm{o}} = \frac{u_{\mathrm{o}}}{i_{\mathrm{o}}} = R_{\mathrm{E}} // \left(\frac{r_{\mathrm{be}} + R_{\mathrm{S}} // R_{\mathrm{B}}}{1 + \beta} \right) \tag{2-24}$$

射极跟随器的输出电阻小（一般为几欧到几十欧），具有较强的带负载能力。

【例2-4】 如图2-15a所示的共集电极放大电路，已知 $V_{\mathrm{CC}} = 12\mathrm{V}$，$R_{\mathrm{B}} = 120\mathrm{k}\Omega$，$R_{\mathrm{E}} = 4\mathrm{k}\Omega$，$R_{\mathrm{L}} = 4\mathrm{k}\Omega$，$R_{\mathrm{S}} = 100\Omega$，$r_{\mathrm{be}} = 0.95\mathrm{k}\Omega$，晶体管的 β 值为40。求：

（1）静态工作点。

（2）电压放大倍数 A_u、输入电阻 r_{i} 和输出电阻 r_{o}。

解：（1）$U_{\mathrm{BEQ}} = 0.7\mathrm{V}$

$$I_{\mathrm{BQ}} = \frac{V_{\mathrm{CC}} - U_{\mathrm{BEQ}}}{R_{\mathrm{B}} + (1 + \beta) R_{\mathrm{E}}} = \frac{12 - 0.7}{120 + (1 + 40) \times 4}\mathrm{mA} \approx 40\mu\mathrm{A}$$

$$I_{\mathrm{CQ}} = \beta I_{\mathrm{BQ}} = 40 \times 40\mu\mathrm{A} = 1.6\mathrm{mA}$$

$$U_{\mathrm{CEQ}} = V_{\mathrm{CC}} - I_{\mathrm{EQ}} R_{\mathrm{E}} \approx 12\mathrm{V} - 1.6 \times 4\mathrm{V} = 5.6\mathrm{V}$$

（2）电压放大倍数 $\quad A_u = \dfrac{(1 + \beta)(R_{\mathrm{E}} // R_{\mathrm{L}})}{r_{\mathrm{be}} + (1 + \beta)(R_{\mathrm{E}} // R_{\mathrm{L}})} = 0.99$

输入电阻 $\quad r_{\mathrm{i}} = R_{\mathrm{B}} // [r_{\mathrm{be}} + (1 + \beta)(R_{\mathrm{E}} // R_{\mathrm{L}})] = 49\mathrm{k}\Omega$

输出电阻 $\quad r_{\mathrm{o}} = R_{\mathrm{E}} // \left(\dfrac{r_{\mathrm{be}} + R_{\mathrm{B}} // R_{\mathrm{S}}}{1 + \beta} \right) = 25\Omega$

4.2 共集电极放大电路的特点及应用

通过上述分析可知，因为共集电极放大电路输出电阻大，从信号源索取的电流小，所以该电路常被用于多级放大电路的输入极，既可以减轻信号源的负担，又可以获得较大的信号电压，对内阻较高的电压信号来讲更有意义。在电子测量仪器的输入级采用共集电极放大电路作为输入极，较高的输入电阻可减小对测量电路的影响。

又因为输出电阻低，也常被用于多级放大电路的输出极。当负载变动时，因为射极跟随器具有几乎为恒压源的特性，输出电压不随负载变动而保持稳定，具有较强的带负载能力。

共集电极放大电路也常作为多级放大电路的中间级。输入电阻大，即前一级的负载电阻大，可提高前一级的电压放大倍数；输出电阻小，即后一级的信号源内阻小，可提高后一级的电压放大倍数。

任务5　认识共基极放大电路

任务要求：

1. 了解共基极放大电路的工作原理。

2. 了解共基极放大电路的一般应用场合。

3. 掌握共发射极、共集电极、共基极三种组态的放大电路的性能与区别。

5.1　电路组成

图 2-17a 所示为共基极放大电路。它的直流通路、交流通路和微变等效电路如图 2-17b、c、d 所示。从交流通路中可以看出，晶体管的基极是输入回路与输出回路的公共端，因此称此电路为共基极放大电路。

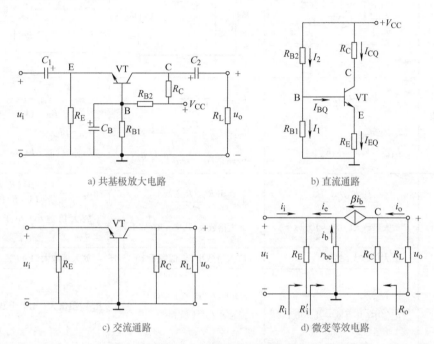

a) 共基极放大电路　　　　　　　　　b) 直流通路

c) 交流通路　　　　　　　　　d) 微变等效电路

图 2-17　共基极放大电路

5.2　电路分析

共基极放大电路的直流通路与分压偏置式共发射极放大电路的直流通路相同，如图 2-17b 所示。因此，两电路静态工作点的计算公式一样。

根据前面所讲的等效电路法可得电压放大倍数、输入电阻和输出电阻为

$$A_u = \frac{u_o}{u_i} = \beta \frac{R_C /\!/ R_L}{r_{be}} \tag{2-25}$$

$$r_i = R_E /\!/ R_i' = R_E /\!/ \frac{r_{be}}{1+\beta} \tag{2-26}$$

$$r_o \approx R_C \tag{2-27}$$

综上所述，共基极放大电路的输入电阻小（只有几十欧）、输出电阻较大（与基本共发射极放大电路相同，均为 R_C），具有较强的同相电压放大能力，但它不具备电流放大作用。共基极放大电路的通频带是三种组态放大电路中最宽的，它的频率特性最好，适于用作宽频带放大电路。

三种不同组态的放大电路，由于电路结构不同，它们的性能也有所不同。表 2-2 给出了三种组态放大电路的特点及应用。

表 2-2　三种组态放大电路特点及应用

组　态	共发射极	共基极	共集电极
电路			
静态工作点的估算	$I_{BQ} = \dfrac{V_{CC} - U_{BEQ}}{R_B}$ $I_{CQ} = \beta I_{BQ}$ $U_{CEQ} = V_{CC} - I_{CQ}R_C$	$U_{BQ} = \dfrac{V_{CC}R_{B1}}{R_{B1} + R_{B2}}$ $I_{CQ} \approx I_{EQ} = \dfrac{U_{EQ} - U_{BEQ}}{R_E}$ $U_{CEQ} \approx V_{CC} - I_{CQ}(R_C + R_E)$	$I_{BQ} = \dfrac{V_{CC} - U_{BEQ}}{R_B + (1+\beta)R_E}$ $I_{CQ} = \beta I_{BQ}$ $U_{CEQ} \approx V_{CC} - I_{EQ}R_E$
A_u	$A_u = -\dfrac{\beta(R_C /\!/ R_L)}{r_{be}}$ 放大倍数大(几十~100 以上)	$A_u = \dfrac{\beta(R_C /\!/ R_L)}{r_{be}}$ 放大倍数大(几十~100 以上)	$A_u = \dfrac{(1+\beta)(R_E /\!/ R_L)}{r_{be} + (1+\beta)(R_E /\!/ R_L)}$ 放大倍数小(小于且近似等于 1)
A_i	放大倍数大(β)	放大倍数小(近似等于 1)	放大倍数大($1+\beta$)
r_i	$r_i = R_B /\!/ r_{be}$ 阻值中(几百欧~几千欧)	$r_i = R_E /\!/ [r_{be}/(1+\beta)]$ 阻值小(几十欧)	$r_i = R_B /\!/ [r_{be} + (1+\beta)(R_E /\!/ R_L)]$ 阻值大(几十千欧~几百千欧以上)
r_o	$r_o = R_C$ 阻值大(几千欧~几十千欧)	$r_o = R_C$ 阻值大(几千欧~几十千欧)	$r_o = R_E /\!/ \dfrac{(R_S /\!/ R_B + r_{be})}{1+\beta}$ 阻值小(几十欧~几百欧)
通频带	窄	宽	较宽
用途	用于低频小信号电压放大电路	用于高频、宽带放大电路及恒流源电路	用于多级放大电路的输入级、输出级或缓冲级

从表中可清晰地看出:

1)共发射极放大电路既能放大电流,又能放大电压,且输出电压与输入电压极性相反。

2)共基极放大电路只能放大电压,不能放大电流,且输出电压与输入电压极性相同。

3)共集电极放大电路只能放大电流,不能放大电压,且输出电压与输入电压相同。

4)在三种组态的放大电路中,输入电阻最大的是共集电极放大电路,最小的是共基极放大电路;输出电阻最小的是共集电极放大电路;通频带最宽的是共基极放大电路,最窄的是共发射极放大电路。

因此,三种组态放大电路的用途也不尽相同,在实际工程应用中,可根据需求选择合适的电路。

任务6 认识场效应晶体管放大电路

任务要求:

1. 掌握场效应晶体管放大电路的分析方法以及性能指标的计算。
2. 正确理解管子主要参数和使用注意事项。
3. 正确理解场效应晶体管放大电路与晶体管放大电路之间的区别。

场效应晶体管是一种利用电场效应来控制其电流大小的半导体器件,因此它和晶体管一样可以实现能量控制,构成放大电路。由于栅-源之间电阻可达 $10^7 \sim 10^{12}\,\Omega$,所以常作为高输入阻抗放大器的输入级。

场效应晶体管放大电路的分析与双极型晶体管放大电路一样,包括静态分析和动态分析。

6.1 场效应晶体管的静态分析

场效应晶体管组成的放大电路与晶体管放大电路一样,为了使电路正常放大,必须建立合适的静态工作点,而且场效应晶体管是电压控制器件,因此需要有合适的栅源偏置电压。场效应晶体管放大电路的静态工作点设置有自给偏压式和分压式两种偏置电路。下面以 N 沟道耗尽型场效应晶体管组成的共源放大电路为例说明。

1. 自给偏压式偏置电路

图 2-18a 是采用 N 沟道耗尽型场效应晶体管组成的共源放大电路,C_1、C_2 为耦合电容,R_D 为漏极负载电阻,R_G 为栅极通路电阻,R_S 为源极电阻,C_S 为源极电阻旁路电容。该电路利用漏极电流 I_{DQ} 在源极电阻 R_S 上产生的压降,通过 R_G 加至栅极以获得所需的偏置电压。由于场效应晶体管的栅极不吸取电流,R_G 中无电流通过,因此栅极 G 和源极 S 之间的偏压 $U_{GSQ} = -I_{DQ}R_S$,这种偏置方式称为自给偏压,该电路称自给偏压式偏置电路。

必须指出,自给偏压式偏置电路只能产生反向偏压,所以它只适用于耗尽型场效应晶体管,而不适用于增强型场效应晶体管,因为增强型场效应晶体管的栅源电压只有达到开启电压后才能产生漏极电流。

2. 分压式偏置电路

图 2-18b 所示为采用分压式偏置电路的场效应晶体管共源放大电路。图中 R_{G1}、R_{G2} 为分压电阻,将 V_{CC} 分压后,取 R_{G2} 上的压降供给场效应晶体管栅极偏压。由于 R_{G3} 中没有电流,它对静态工作点没有影响,所以

$$U_{GSQ} = V_{CC}\,R_{G2}/(R_{G1}+R_{G2}) - I_{DQ}R_S \tag{2-28}$$

可见,U_{GSQ} 可正、可负,所以这种偏置电路也适用于增强型场效应晶体管。

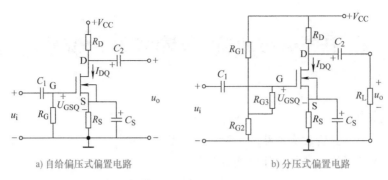

图 2-18　场效应晶体管共源放大电路

6.2　场效应晶体管的动态分析

1. 场效应晶体管的微变等效电路模型

与双极型晶体管一样，场效应晶体管也是一种非线性器件，在交流小信号情况下，也可以用它的线性等效电路即微变等效电路模型来代替。

场效应晶体管放大电路的动态分析也采用微变等效电路，如图 2-19 所示。由于 r_{gs} 和 r_{ds} 阻值很大，一般情况下可将其忽略。

2. 场效应晶体管放大电路的等效电路分析

（1）共源极放大器的动态分析　利用场效应晶体管微变等效电路模型，可以画出场效应晶体管放大电路的微变等效电路。图 2-18b 所示放大电路的交流通路和微变等效电路如图 2-20 所示。由图 2-20b 可得电压放大倍数为

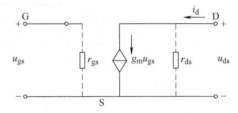

图 2-19　场效应晶体管微变等效电路模型

$$A_u = \frac{u_o}{u_i} = \frac{-g_m u_{gs}(R_D /\!/ R_L)}{u_{gs}} = -g_m(R_D /\!/ R_L) \tag{2-29}$$

放大电路的输入电阻为

$$r_i = \frac{u_i}{i_i} = R_{G3} + R_{G1} /\!/ R_{G2}$$

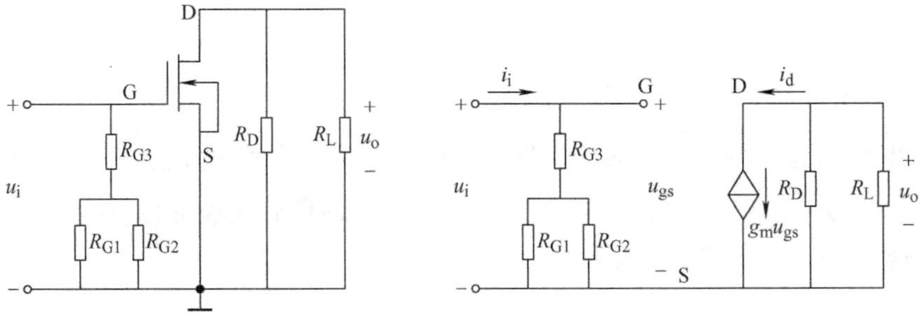

a) 交流通路

b) 微变等效电路

图 2-20　图 2-18b 所示放大电路的交流通路和微变等效电路

输出电阻为

$$r_o = R_D \tag{2-30}$$

（2）源极跟随器的动态分析　源极跟随器的电路如图 2-21a 所示，其微变等效电路如图 2-21b 所示。

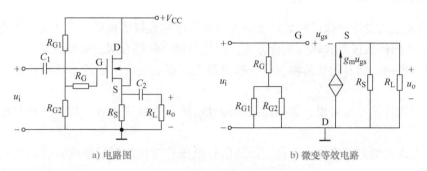

a) 电路图　　　　　　　　　　b) 微变等效电路

图 2-21　源极跟随器电路及微变等效电路

由图 2-21b 可知，源极跟随器的电压放大倍数 A_u 为

$$A_u = \frac{u_o}{u_i} = \frac{g_m R'_L}{1 + g_m R'_L} \leqslant 1 \tag{2-31}$$

式中，$R'_L = R_S /\!/ R_L$。

源极跟随器的输入电阻为

$$r_i \approx R_G + R_{G1} /\!/ R_{G2} \tag{2-32}$$

输出电阻为

$$r_o \approx \frac{1}{g_m} \tag{2-33}$$

任务7　认识多级放大电路

任务要求：

1. 了解多级放大电路级间耦合方式的特点。
2. 掌握直接耦合放大电路的工作原理。
3. 掌握阻容耦合放大电路的工作原理，会计算电压放大倍数。

7.1　多级放大电路的组成

基本放大电路的电压放大倍数通常只有几十到几百倍。而实际应用中，需要放大的输入信号经常很微弱，基本放大电路不能满足要求。因此，在实际的电子设备中，为了得到足够大的增益或者考虑到输入电阻和输出电阻等特殊要求，往往将若干个基本放大电路合理地串接起来构成多级放大电路。多级放大电路由输入级、中间级和输出级组成，如图 2-22 所示。

图 2-22　多级放大电路的组成框图

输入级一般都属于小信号工作状态，主要进行电压放大；输出级是大信号放大，以提供给负载足够大的信号，常采用功率放大电路。此处只讨论由输入级和中间级组成的多级小信号放大器。

7.2 多级放大电路的级间耦合方式

多级放大电路是由两级或两级以上的单级放大电路连接而成的。在多级放大电路中，我们把级与级之间的连接方式称为耦合方式。而级与级之间耦合时，必须满足：

1）耦合电路应能有效地传输信号，减少损失，避免失真，尽量不影响各级静态工作点的设置。

2）从电流传输方面来说，要使前级的信号电流有效地流入后一级，尽量减小传输中的分流作用。

3）从电压传输方面来说，要使前级的信号电压有效地加到后级输入，尽量减小传输中的分压作用。

4）耦合后，多级放大电路的性能指标必须满足实际的要求。

为了满足上述要求，一般常用的耦合方式有：阻容耦合、直接耦合、变压器耦合和光电耦合。

1. 阻容耦合

把两级放大器之间通过电容连接起来，后级放大电路的输入电阻充当了前级放大器的负载，故称阻容耦合。其放大电路如图 2-23 所示。

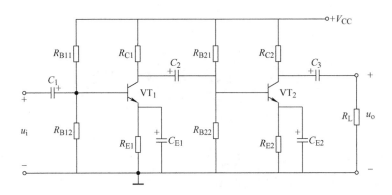

图 2-23 阻容耦合放大电路

阻容耦合放大电路的优点和缺点如下。

1）优点：因电容具有"隔直"作用，所以各级电路的静态工作点相互独立，互不影响。这给放大电路的分析、设计和调试带来了很大的方便。此外，它还具有体积小、重量轻等优点。

2）缺点：因电容对交流信号具有一定的容抗，信号在传输过程中，会有一定的衰减。缓慢变化的信号的容抗尤其大，不便于传输。此外，在集成电路中，制造大容量的电容很困难，所以这种耦合方式下的多级放大电路不便于集成。

2. 直接耦合

为了避免电容对缓慢变化的信号在传输过程中产生的不良影响，也可以将级与级之间直接用导线连接起来，这种连接方式称为直接耦合。其放大电路如图 2-24 所示。

直接耦合放大电路的优点和缺点如下。

1）优点：既可以放大交流信号，也可以放大直流和变化非常缓慢的信号，电路简单，便于集成，所以集成电路中多采用这种耦合方式。

2）缺点：直接耦合前后级之间存在直流通路，所以各级的静态工作点互相影响，这给电路的分析、设计和调试带来一定困难。它存在的另一个问题就是零点漂移，解决的办法是在多级放大电路前加差动放大电路。

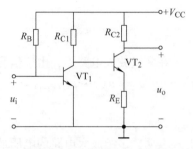

图 2-24 直接耦合放大电路

3. 变压器耦合

将放大电路前级的输出端通过变压器接到后级输入端的连接方式称为变压器耦合，其放大电路如图 2-25 所示。由于变压器耦合电路的前后级靠磁路耦合，所以与阻容耦合电路一样，只能放大交流，不能放大直流。各级放大电路的静态工作点相互独立，便于分析、设计和调试。

变压器耦合放大电路的优点和缺点如下。

1）优点：与前两种耦合方式相比，变压器耦合放大电路最大特点是可以进行阻抗变换，使级间达到阻抗匹配，放大电路可以得到较大的输出功率。

2）缺点：由于变压器体积大、笨重、频率特性不好和不便于集成化，目前应用极少。

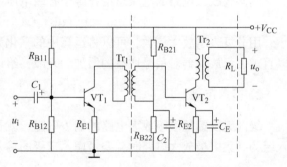

图 2-25 变压器耦合放大电路

4. 光电耦合

光电耦合是以光信号为媒介来实现电信号的转换和传递的。光耦合器是实现光电耦合的基本器件，光电耦合放大电路如图 2-26 所示。

光耦合器是将发光器件（发光二极管）与光敏器件（光敏晶体管）相互绝缘地组合在一起。发光器件为输入端，它将电能转换成光能；光敏器件为输出端，它将光能再转换成电能。输出回路采用复合管（也称达林顿结构）形式，目的是增大放大倍数。

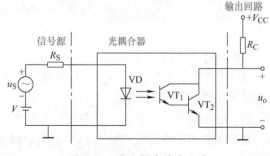

图 2-26 光电耦合放大电路

当前级放大电路的输出电信号加在光耦合器的输入端时，发光管发光，光敏晶体管受到光线照射后导通，输出相应的电信号，送到后级放大电路的输入端，实现了电信号的传递。因为它的输入与输出两部分电路在电气上是完全隔离的，因此，可有效地抑制电干扰。

7.3 多级放大电路性能指标的估算

1. 电压放大倍数

在多级放大电路中，由于信号是逐级传送的，前级的输出电压即为后级的输入电压，即 $u_{o1} = u_{i2}, u_{o2} = u_{i3}, \cdots, u_{o(n-1)} = u_{in}$，所以多级放大电路的电压放大倍数为

$$A_u = \frac{u_o}{u_i} = \frac{u_{o1}}{u_i} \times \frac{u_{o2}}{u_{i2}} \times \cdots \times \frac{u_o}{u_{in}} = A_{u1} A_{u2} \cdots A_{un} \tag{2-34}$$

上式表明，多级放大电路的电压放大倍数等于各级电压放大倍数的乘积。

当放大电路的级数较多时，计算和表示都很不方便。在实际工程中，电压的放大倍数常用分贝（dB）表示。

$$A_u(\mathrm{dB}) = 20\lg \left| \frac{U_o}{U_i} \right|$$

$$A_i(\mathrm{dB}) = 20\lg \left| \frac{I_o}{I_i} \right|$$

则多级放大电路的电压总增益等于各级电压增益之和，即

$$A_u(\mathrm{dB}) = A_{u1}(\mathrm{dB}) + A_{u2}(\mathrm{dB}) + \cdots + A_{un}(\mathrm{dB}) \tag{2-35}$$

用分贝表示放大倍数，可以将运算中的乘化为加，除化为减，而且从分贝的数值上就可以直观表示放大器对信号增益的增加和衰减，给计算和使用带来很多方便。

2. 输入电阻

级间无反馈的多级放大电路的输入电阻，就是输入级的输入电阻。计算时要注意：当输入级为共集电极放大电路时，要考虑第二级的输入电阻作为前级负载时对输入电阻的影响。

3. 输出电阻

多级放大电路的输出电阻就是输出级的输出电阻。计算时要注意：当输出级为共集电极放大电路时，要考虑其前级对输出电阻的影响。

应当指出，在计算各级电压放大倍数时，要注意级与级之间的相互影响，即计算每级的放大倍数时，下一级输入电阻应作为上一级的负载来考虑。

【例 2-5】 两级共发射极电容耦合放大电路如图 2-27a 所示，已知晶体管 VT$_1$ 的 $\beta_1 = 60$，$r_{be1} = 2\mathrm{k}\Omega$，VT$_2$ 的 $\beta_2 = 100$，$r_{be2} = 2.2\mathrm{k}\Omega$，其他参数如图 2-27 所示，各电容的容量足够大。试求放大电路的 A_u、r_i 和 r_o。

解： 在小信号工作情况下，两级共发射极放大电路的小信号等效电路如图 2-27b、c 所示，其中图 2-27b 中的负载电阻 r_{i2}，即为后级放大电路的输入电阻，则

$$r_{i2} = R_6 /\!/ R_7 /\!/ r_{be2} = \frac{1}{\frac{1}{33} + \frac{1}{10} + \frac{1}{2.2}} \mathrm{k}\Omega \approx 1.7\mathrm{k}\Omega$$

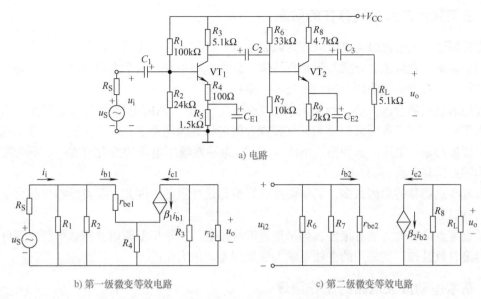

a) 电路

b) 第一级微变等效电路　　　　　　　　c) 第二级微变等效电路

图 2-27　两级共发射极电容耦合放大电路

因此，第一级的总负载为

$$R'_{L1} = R_3 /\!/ r_{i2} \approx 1.3 \mathrm{k\Omega}$$

第一级电压放大倍数为

$$A_{u1} = \frac{u_{o1}}{u_i} = \frac{-\beta_1 R'_{L1}}{r_{be1} + (1+\beta_1)R_4} = \frac{-60 \times 1.3\mathrm{k\Omega}}{2\mathrm{k\Omega} + 61 \times 0.1\mathrm{k\Omega}} \approx -9.6$$

第二级电压放大倍数为

$$A_{u2} = \frac{u_o}{u_{i2}} = \frac{-\beta_2 R'_L}{r_{be2}} = \frac{-100 \times (4.7\mathrm{k\Omega} /\!/ 5.1\mathrm{k\Omega})}{2.2\mathrm{k\Omega}} \approx -111$$

两级放大电路的总电压放大倍数为

$$A_u = A_{u1}A_{u2} = (-9.6) \times (-111) \approx 1066$$

式中没有负号，说明两级共发射极放大电路的输出电压与输入电压同相。

两级放大电路的输入电阻等于第一级的输入电阻，即

$$r_i = r_{i1} = R_1 /\!/ R_2 /\!/ [r_{be1} + (1+\beta_1)R_4] \approx 5.7\mathrm{k\Omega}$$

输出电阻等于第二级的输出电阻，即

$$r_o = R_8 = 4.7\mathrm{k\Omega}$$

任务8　认识差动放大电路

任务要求：

1. 掌握零点漂移、共模和差模等基本概念。

2. 了解差动放大电路的组成特点及其作用。

3. 了解共模抑制比的含义。

8.1 直接耦合放大电路存在的问题

直接耦合放大电路级与级之间没有耦合电容，直接用导线连接，便于大规模集成，故集成电路中多采用直接耦合方式。但是直接耦合放大电路中存在两个主要问题，一个是各级间静态工作点相互影响的问题；另一个是零点漂移问题。

理想的直接耦合放大器，当输入信号为零时，其输出端的电位应该保持不变。但实际上，由于温度、频率等因素的影响，直接耦合的多级放大电路中，即使无输入，输出端也会有变化缓慢的输出电压。这种输入电压（Δu_i）为零而输出电压的变化（Δu_o）不为零的现象称为零点漂移现象(简称零漂)。

引起零点漂移的原因很多，其中温度的影响是最严重的，因此，零点漂移也称为温度漂移，简称温漂。

抑制零点漂移的方法有很多，如采用温度补偿电路、稳压电源以及精选电路元器件等方法。但最有效且被广泛采用的方法是输入级采用差动放大电路。

8.2 基本差动放大电路的工作原理

差动放大电路（Differential Amplifier）又称为差分放大电路，它的输出电压与两个输入电压之差成正比，由此而得名。由于它在电路和性能方面具有很多优点，因而广泛应用于集成电路。

1. 差动放大电路的组成及零点漂移抑制原理

（1）电路的组成 图 2-28 所示为典型的差动放大电路，它由完全相同的两个共发射极放大电路组成，采用双电源 V_{CC}、V_{EE} 供电。输入信号 u_{i1} 和 u_{i2} 分别加在两管的基极上，输出电压 u_o 从两管的集电极输出。R_C 为晶体管的集电极电阻。R_E 为差动放大电路公共发射极电阻，电路中两管集电极负载电阻的阻值相等，两基极电阻的阻值相等，这种连接方式称为双端输入双端输出方式。除了双端输入双端输出方式外，还有双端输入单端输出、单端输入双端输出、单端输入单端输出，这些输入输出方式在实际中也经常使用。

（2）抑制零点漂移的原理 差动放大电路依靠其电路的对称性，并采用特性相同的管子，使它们的温漂相互抵消。

图 2-28 所示电路结构对称，两个晶体管 VT_1、VT_2 的特性一样，外接电阻相等，两边各元器件的温度特性也一样。当温度变化等原因引起两个管子的基极电流 i_{B1}、i_{B2} 变化时，由于两边电路完全对称，势必引起两管子集电极电流 i_{C1} 和 i_{C2} 的变化量相等，方向相同，即 $\Delta i_{C1} = \Delta i_{C2}$，集电极对地电压 u_{C1}、u_{C2} 的变化量也相同，即 $\Delta u_{C1} = \Delta u_{C2}$。

例如：在输入信号为零时，假定温度上升，有

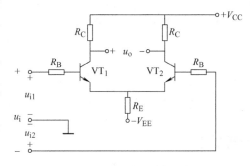

图 2-28 典型的差动放大电路

$$T_1 \uparrow \rightarrow i_{B1} \uparrow \rightarrow i_{C1} \uparrow \rightarrow (u_{C1} - \Delta u_{C1}) \downarrow \atop T_2 \uparrow \rightarrow i_{B2} \uparrow \rightarrow i_{C2} \uparrow \rightarrow (u_{C2} - \Delta u_{C2}) \downarrow \Big\} \rightarrow u_o = u_{C1} - u_{C2} = (u_{C1} - \Delta u_{C1}) - (u_{C2} - \Delta u_{C2}) = 0$$

可见，虽然温度变化对每个管子都产生了零点漂移，但在输出端两个管子的集电极电压的变化互相抵消了，所以抑制了输出电压的零点漂移，此方法也可归结为温度补偿。

（3）在电路中引入 R_E 的负反馈作用　发射极电阻 R_E 具有负反馈作用，可以稳定静态工作点，从而进一步减小 u_{C1}、u_{C2} 的绝对漂移量。

2. 差动放大电路的静态分析

当输入信号为零时，放大电路的直流通路如图 2-29 所示。

由电路对称性可得

$$I_{BQ1} = I_{BQ2} = I_{BQ}, \quad I_{CQ1} = I_{CQ2} = I_{CQ}, \quad I_{EQ1} = I_{EQ2} = I_{EQ}$$
$$U_{CQ1} = U_{CQ2} = U_{CQ}, \quad U_o = U_{CQ1} - U_{CQ2} = 0$$

由基极回路可以得到

$$V_{EE} = I_{BQ} R_B + U_{BEQ} + 2 I_{EQ} R_E \quad (2\text{-}36)$$

通常，R_B 很小，且 I_{BQ} 很小，故

$$I_{EQ} \approx \frac{V_{EE} - U_{BEQ}}{2 R_E} \quad (2\text{-}37)$$

$$I_{BQ} = \frac{I_{EQ}}{1 + \beta} \quad (2\text{-}38)$$

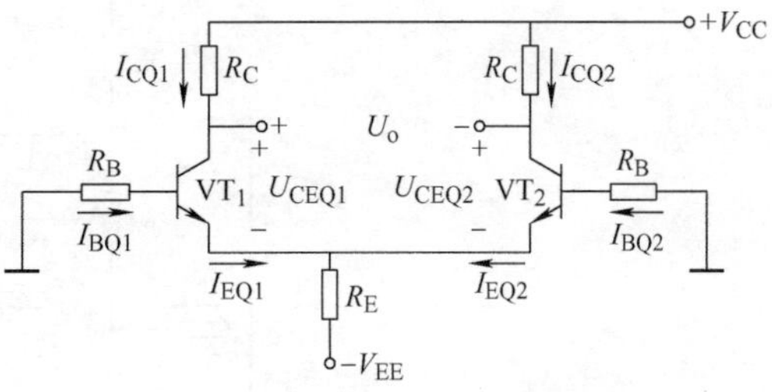

因 I_{BQ} 很小，把基极对地电压 U_{BQ} 视为零，发射极对地电压 U_{EQ} 约等于 $-U_{BEQ}$，故

图 2-29　差动放大电路的直流通路

$$U_{CEQ} = U_{CQ} - U_{EQ} \approx V_{CC} - I_{CQ} R_C - (-U_{BEQ}) = V_{CC} - I_{CQ} R_C + U_{BEQ} \quad (2\text{-}39)$$

只要合理选择 V_{EE} 和 R_E，就可得到合适的工作点 Q。

共发射极电路是先确定 I_{BQ}，而差动放大电路是利用 V_{EE} 和 R_E 来确定静态工作点，即先确定 I_{EQ}，再去分析其他参数。

综上所述，静态时，每个管子的发射极电路中相当于接入了 $2R_E$ 的电阻，这样每个晶体管的工作点稳定性都得到提高。V_{EE} 的作用是补偿 R_E 上的直流压降，使得晶体管有合适的工作点。

3. 差动放大电路的动态分析

差动放大电路的输入信号可以有两种类型，分别是差模信号和共模信号。

（1）差模输入动态分析　在放大器两输入端分别输入大小相等、极性相反的信号，即 $u_{i1} = -u_{i2}$ 时，所输入的信号称为差模输入信号。差模输入信号用 u_{id} 来表示，输出信号用 u_{od} 表示。差模输入电路如图 2-30a 所示。

$$u_{i1} = -u_{i2} = \frac{1}{2} u_{id} \quad \text{或} \quad u_{id} = 2 u_{i1}$$

图 2-30a 所示电路中，在输入差模信号 u_{id} 时，由于电路的对称性，使得 VT_1 和 VT_2 两管的集电极电流为一增一减的状态，而且增减的幅度相同。如果 VT_1 的集电极电流增大，则 VT_2 的集电极电流减小，此时流过 R_E 的差模电流为零，说明 R_E 对差模信号没有作用，在 R_E

上既无差模信号的电流也无差模信号的电压，因此画差模信号交流通路时，VT_1 和 VT_2 的发射极是直接接地的，如图 2-30b 所示。

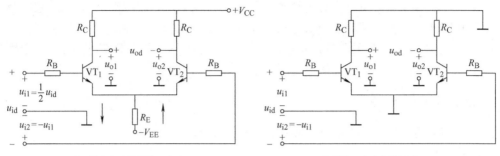

a) 差动放大电路差模输入电路　　　　　　　　b) 差模输入电路交流通路

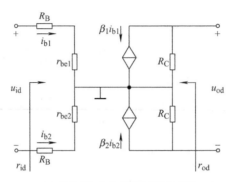

c) 差模输入电路交流微变等效电路

图 2-30　差动放大电路输入差模信号

由图 2-30b 看出，在输入差模信号时，两管集电极的对地输出电压 u_{o1} 和 u_{o2} 也是一升一降地变化，因而 VT_1 管集电极的输出电压 u_{o1} 与 VT_2 管集电极的输出电压 u_{o2} 大小相等，极性相反，即 $u_{o2} = -u_{o1}$。两管集电极之间输出差模电压为

$$u_{od} = u_{o1} - u_{o2} = 2u_{o1}$$

双端输入双端输出差动放大电路的差模电压放大倍数为

$$A_{ud} = \frac{u_{od}}{u_{id}} = \frac{2u_{o1}}{2u_{i1}} = \frac{u_{o1}}{u_{i1}} = A_{ud1} \ (A_{ud1} \ \text{为单管的差模电压放大倍数})$$

可见，差动放大电路虽用两只晶体管，但它的电压放大能力只相当于单管共射放大电路。因而差动放大电路是以牺牲一只管子的放大倍数为代价，来换取抑制温漂的效果。

由图 2-30b 画出微变等效电路如图 2-30c 所示。

分析可得

$$A_{ud} = -\frac{\beta R_C}{R_B + r_{be}}$$

式中，$r_{be} = r_{be1} = r_{be2}$。

若在图 2-30a 所示电路的两管集电极之间接入负载电阻 R_L，则微变等效电路如图 2-31 所示。

由于 $u_{o2} = -u_{o1}$，必有 R_L 的中心位置为差模电压输出的交流"地"，因此，每边电路的

交流等效负载电阻 $R'_L = R_C \mathbin{/\mkern-5mu/} (R_L/2)$。这时差模电压放大倍数变为

$$A_{ud} = -\frac{\beta R'_L}{R_B + r_{be}} \qquad (2\text{-}40)$$

根据输入电阻的定义，差模信号输入时，从差动放大电路的两个输入端看进去所呈现的等效电阻，称为差动放大电路的差模输入电阻（r_{id}）。

$$r_{id} = 2(R_B + r_{be}) \qquad (2\text{-}41)$$

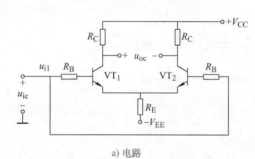

图 2-31 接入负载电阻 R_L 的微变等效电路

差动放大电路两管集电极之间对差模信号所呈现的等效电阻，称为差动放大电路的差模输出电阻（r_o）。

$$r_o = 2R_C \qquad (2\text{-}42)$$

（2）共模输入动态分析 在放大器两输入端分别输入大小相等、极性相同的信号，即 $u_{i1} = u_{i2}$ 时，所输入的信号称为共模输入信号。共模输入信号用 u_{ic} 来表示。共模输入电路如图 2-32 所示，可得

$$u_{ic} = u_{i1} = u_{i2}$$

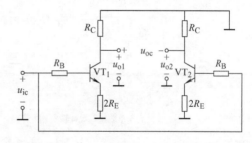

a) 电路   b) 共模信号交流通路

图 2-32 差动放大电路共模输入电路

如图 2-32 所示，在共模信号的作用下，VT_1 管和 VT_2 管相应电量的变化完全相同，共模输出电压 $u_{o1} - u_{o2} = 0$，因而共模电压放大倍数为

$$A_{uc} = 0$$

当共模信号作用于电路时，使得两个晶体管的集电极电流同时增大或同时减小，流过 R_E 的电流就会成倍地增加，发射极电位升高，从而导致发射结的两端电压减小，也就抑制了集电极电位的变化。

当差动放大电路单端输出时（从一个管子的集电极对地输出），由于 $2R_E$ 引入了很强的负反馈，将对零漂起到抑制作用。单端输出时，可求得共模放大倍数 $A_{uc单}$ 为

$$A_{uc单} = -\frac{\beta R'_L}{R_B + r_{be} + 2(1+\beta)R_E} \qquad (2\text{-}43)$$

（3）共模抑制比 为了综合差动放大电路对差模信号的放大能力和对共模信号的抑制能力，引入共模抑制比 K_{CMR}，其定义为：差模放大倍数 A_{ud} 与共模放大倍数 A_{uc} 之比，即

$$K_{CMR} = \left| \frac{A_{ud}}{A_{uc}} \right| \qquad (2\text{-}44)$$

从上式可以看出,共模抑制比越大,差动放大电路对差模信号的放大能力越强,对零点漂移的抑制能力也越强。当差动放大电路理想对称时,$A_{uc}=0$,共模抑制比为 ∞。当差动放大电路不完全对称时,共模抑制比是一个有限值。

4. 差动放大电路的四种接法

因为差动放大电路有两个输入端和两个输出端,所以信号输入、输出方式有四种情况,如图 2-33 所示,下面分别介绍双端输入单端输出与单端输入双端输出电路的特点。

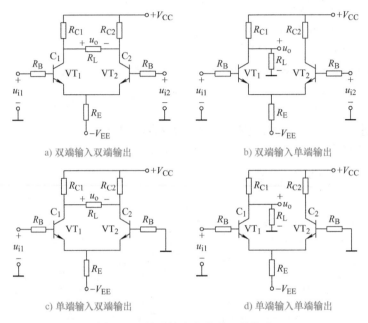

a) 双端输入双端输出   b) 双端输入单端输出

c) 单端输入双端输出   d) 单端输入单端输出

图 2-33 差动放大电路的四种接法

(1) 双端输入单端输出电路 图 2-33b 所示为双端输入单端输出差动放大电路。由于输出只从 VT_1 的集电极输出,所以输出电压只有双端输出的一半,即差模电压放大倍数为

$$A_{ud单} = -\frac{\beta R'_L}{2(R_B + r_{be})} \tag{2-45}$$

$$R'_L = R_C /\!/ R_L$$

如果输入差模信号极性不变,而输出信号取自 VT_2 管的集电极,则输出与输入同相。

输入电阻为
$$r_{id} = 2(R_B + r_{be})$$

输出电阻为
$$r_o = R_C$$

共模电压放大倍数为

$$A_{uc单} = -\frac{\beta R'_L}{r_{be} + R_B + 2(1+\beta)R_E} \tag{2-46}$$

共模抑制比为

$$K_{CMR} = \left|\frac{A_{ud}}{A_{uc}}\right| = \frac{r_{be} + R_B + 2(1+\beta)R_E}{2(R_B + r_{be})} \approx \frac{\beta R_E}{R_B + r_{be}} \tag{2-47}$$

（2）单端输入双端输出电路　图 2-33c 所示为单端输入双端输出差动放大电路。输入仅加在 VT_1 管输入端，VT_2 管的输入端接地；或者输入仅加在 VT_2 管输入端，VT_1 管的输入端接地。这种输入方式称为单端输入，是实际电路中常用的一种。

当忽略电路对共模信号的放大作用时，则单端输入就可等效为双端输入情况，故双端输入双端输出的结论均适用单端输入双端输出。这种接法的特点是把单端输入的信号转换成双端输出，作为下一级的差动输入，适用于负载两端任何一端不接地，而且输出正负对称性好的情况，而实际中常常需要对地输出，所以单端输入双端输出接法便不再适用。

综合上述，差动放大电路电压放大倍数仅与输出形式有关，只要是双端输出，它的差模电压放大倍数就与单管基本放大电路相同；如为单端输出，它的差模电压放大倍数是单管基本放大电路的一半，输入电阻都是相同的。

8.3　具有恒流源的差动放大电路

通过对带 R_E 的差动放大电路的分析可知，R_E 越大，K_{CMR} 越大，但增大 R_E，相应的 V_{EE} 也要增大。显然，使用过高的 V_{EE} 是不合适的。此外，R_E 直流能耗也相应增大。所以，靠增大 R_E 来提高共模抑制比是不现实的。

设想，在不增大 V_{EE} 时，如果 $R_E\to\infty$，$A_{uc}\to0$，则 $K_{CMR}\to\infty$，这是最理想的。为解决这个问题，用恒流源电路来代替 R_E，恒流源的具体电路是多种多样的，若用恒流源符号来取代具体电路，则可得到图 2-34 所示差动放大电路。

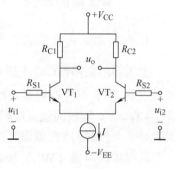

图 2-34　恒流源差动放大电路

【例 2-6】差动放大电路如图 2-35 所示。已知：$V_{CC}=V_{EE}=12V$，$R_C=R_E=12k\Omega$，$R_B=1k\Omega$，晶体管 $\beta=50$，$U_{BEQ}=0.6V$，负载 $R_L=10k\Omega$。

（1）估算电路中晶体管的静态工作点。

（2）当 $U_i=10mV$ 时，输出电压 U_o 为多少？

解：（1）估算静态工作点：电路两边完全对称，R_L 上没有电流流过，视为开路，不影响工作点计算，只需估算单边电路的静态工作点即可。

列回路电压方程：

$$I_{BQ}R_B+U_{BEQ}+2I_{EQ}R_E=V_{EE}$$

则 $I_{BQ}=\dfrac{V_{EE}-U_{BEQ}}{R_B+2(1+\beta)R_E}=\dfrac{12-0.6}{1+2\times51\times12}mA\approx0.01mA$

$$I_{CQ}=\beta I_{BQ}=50\times0.01mA=0.5mA$$

$$U_{CEQ}=V_{CC}-R_CI_{CQ}-2R_E(1+\beta)I_{BQ}+V_{EE}$$

则 $U_{CEQ}=12V-12\times0.5V-2\times12\times51\times0.01V+12V\approx5.7V$

（2）计算输出电压：

$$I_{EQ}\approx I_{CQ}$$

$$r_{be}=300\Omega+(1+\beta)\dfrac{26mV}{I_{EQ}(mA)}=300\Omega+(1+50)\dfrac{26}{0.5}\Omega\approx3k\Omega$$

图 2-35　差动放大电路

$$A_{ud} = -\frac{\beta\left(R_C \,//\, \dfrac{1}{2}R_L\right)}{R_B + r_{be}} = \frac{50(12\,//\,5)}{1+3} \approx -44$$

$$U_o = A_{ud}U_i = (-44) \times 10\text{mV} = -440\text{mV}$$

【专项技能训练】

制作助听器

结合本项目所学的知识，完成助听器电路的制作与调试。

一、制作前的准备

1. 分析助听器电路的工作过程

助听器的电路如图 2-1 所示，它实质上是一个由晶体管 VT_1、VT_2 和 VT_3 构成的多级音频放大器。VT_1 与外围阻容元器件组成了典型的阻容耦合放大电路，担任前置音频电压的放大；VT_2、VT_3 组成两级直接耦合式功率放大电路，其中 VT_3 接成射极输出形式，它的输出阻抗较低，以便与 8Ω 低阻耳机相匹配。

驻极体传声器（MIC）接收到声波信号后，输出相应的微弱电信号。该信号经电容 C_1 耦合到 VT_1 的基极进行放大，放大后的信号由其集电极输出，再经 C_2 耦合到 VT_2 进行第二级放大，最后信号由 VT_3 的发射极输出，并通过插孔 XS 送至耳机放音。

电路中，C_4 为旁路电容，其主要作用是旁路掉输出信号中形成噪声的各种谐波成分，以改善耳机的音质。C_3 为滤波电容，主要用来减小电池的交流内阻（实际上为整机音频电流提供良好的通路），可有效防止电池快报废时电路产生的自激振荡，并使耳机发出的声音更加清晰响亮。

2. 制作工具和材料

1）制作工具：常用电子组装工具、万用表、双踪示波器、电子毫伏表。
2）根据实际电路原理图（参考电路如图 2-1 所示）画出装配图（学生自己绘制）。
3）元器件及材料清单见表 2-3。

表 2-3　元器件及材料清单

元器件符号	元器件名称	规　　格	数　　量
VT_1、VT_2	晶体管	9014	2
VT_3	晶体管	3AX31	1
B	驻极体传声器	CM-18W 型	1
XS	耳机插座	CKX2-3.5 型（ϕ3.5mm 口径）	1
C_1、C_2、C_3	电解电容	10μF/10V	3
C_4	瓷片电容	0.047μF	1

（续）

元器件符号	元器件名称	规　格	数　量
R_1	碳膜电阻	10kΩ	1
R_2	碳膜电阻	68kΩ	1
R_3	碳膜电阻	1kΩ	1
R_4	碳膜电阻	100kΩ	1
R_5	碳膜电阻	1kΩ	1
	低阻耳机	8Ω	1
	干电池	1.5V	2
	接线座	2P	1
	电池盒	2P	1
	焊锡丝		若干
	焊接用细导线		若干
	万能实验板（或面包板）		每人一块

二、识别并检测电路中的元器件

常见的电容参数标注方法有四种：

1）直标法：指在电容的表面直接用数字和单位符号或字母标注出标称容量、误差和耐压值等。例如，某电容上标 2200μF、35V、±5%，表示电容的标称容量为 2200μF，耐压为 35V，误差为 ±5%。

2）数字加字母标注法：指用数字和字母有规律的组合来表示容量，字母既表示小数点，又表示后缀单位。标称容量的整数部分通常写在容量单位标志符号的前面，小数部分写在容量单位标志符号的后面。如 4n7，即 4.7nF，单位转换为 pF 为 4700pF。

3）数码标注法：一般用三位数表示容量的大小，前面两位数表示电容标称容量的有效数字。第三位数表示有效数字后面零的个数，其单位是皮法（pF）。这种标注法中有一个特殊的情况，就是当第三位数字是 9 时，它表示有效数字乘以 10^{-1}。例如，标值 104，表示标称容量是 100000pF，479 表示标称容量是 4.7pF。

4）色标法：与电阻色标法的规定相同，其单位为皮法（pF）。颜色代表的数值为：黑 =0、棕 =1、红 =2、橙 =3、黄 =4、绿 =5、蓝 =6、紫 =7、灰 =8、白 =9。

电容容量误差用符号 F、G、J、K、L、M 来表示，允许误差分别对应为 ±1%、±2%、±5%、±10%、±15%、±20%。

电容上面有标志的黑块为负极；也有用引脚长短来区别正负极的，长脚为正，短脚为负。

1. 识别并检测电阻、电容

具体步骤如下：

1）从外观上识别电阻、电容，观察电阻、电容有无引脚折断、脱落、松动和损坏情况。

2）用万用表测量电阻的阻值，并与标称值比较，完成表2-4。

表 2-4 识别并检测电阻

电阻编号	识别电阻的标志		实测电阻	判断好坏
	色 环	标称阻值		
R_1				
R_2				
R_3				
R_4				
R_5				

3）用万用表检测电容的好坏，判别电解电容的正、负极，完成表2-5。

表 2-5 识别并检测电容

电容编号	识别电容的标志		电容性能好坏
	外表标志	标称容量	
C_1			
C_2			
C_3			
C_4			

2. 识别并检测晶体管

具体步骤如下：

1）从外观特征识别晶体管。

2）用万用表对本项目中的晶体管进行检测。

3）将测量结果记录到表2-6。

表 2-6 识别并检测晶体管

编 号	型 号	管型判断	β	管子好坏
VT_1				
VT_2				
VT_3				

3. 识别并检测驻极体传声器

驻极体传声器是一种用驻极材料制作的新型传声器，具有体积小、频带宽、噪声小和灵敏度高等特点，被广泛应用于助听器、录音机、无线传声器等产品中。

驻极体传声器的简单检测方法如下：用万用表黑表笔接传声器的 A 端，红表笔接传声器的 B 端，如图 2-36 所示，这时用嘴向传声器吹气，万用表指针应有指示。同类型的传声器相比，指示范围越大，说明该传声器灵敏度越高，如果无指示，则说明该传声器有故障。

4. 识别并检测耳机

耳机也是一种电声转换器件，它们的结构与电动式扬声器相似，也是由磁铁、音圈和振动膜片等组成，但耳机的音圈大多是固定的。耳机的外形及图形符号如图 2-37 所示。

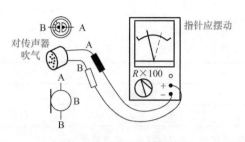

图 2-36　传声器性能检测

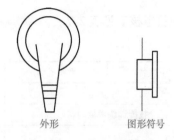

图 2-37　耳机的外形及图形符号

用万用表就可以方便地检测耳机的通断情况。对双声道耳机而言，其插头上有 3 个引出端，插头最后端的接触端为公共端，前端和中间接触端分别为左、右声道引出端。检测时，将万用表置 $R \times 1$ 档，将任一表笔接在耳机插头的公共端上，然后用另一表笔分别触碰耳机插头的另外两个引出端，相应的左或右声道的耳机应发出"喀喀"声，指针应偏转，指示值分别为 20Ω 或 30Ω 左右，而且左、右声道的耳机阻值应对称。

如果在测量时耳机无声，万用表指针也不偏转，说明相应的耳机有引线断裂或内部焊点脱开的故障。若指针摆至零位附近，说明相应耳机内部引线或耳机插头处有短路的地方。若指针指示阻值正常，但发声很轻，一般是耳机振膜片与磁铁间的间隙不对造成的。

三、完成助听器的制作

1. 元器件的布局与装配

1）按照电路的原理图、装配图和元器件的外形尺寸、封装形式，将元器件在万能实验板上均匀布局。

2）电阻、晶体管均采用水平安装，元器件体紧贴电路板。

3）电容采用垂直安装方式焊接，安装时注意电解电容正负极。

4）安装耳机插座，并把耳机插座的螺母上好，以防丢失。

5）驻极体传声器采用直立式安装，驻极体传声器有正负极之分，安装时别弄错了，离电路板 6mm 左右。

2. 焊接制作

1）对已完成装配的器件应仔细检查，包括元器件的位置。

2）根据元器件清单检查元器件数量，确认无误后方可焊接。焊接时应保证焊点无虚焊、漏焊等。检查有没有其他影响安全指标的缺陷等。

3. 通电调试

将焊接好的电路板装入精致塑料或有机玻璃小盒内,装上电源和耳机进行测试。装配好的助听器使用时,将耳机插头插入助听器的插孔 XS 内,电路即自动通电工作,对着驻极体传声器说话,耳机里能听到宏亮的声音。拔出插头,助听器即自动断电停止工作。

【技能考核】

项目考核表见表 2-7。

表 2-7　项目考核表

学生姓名	教师姓名	名　　称	
		制作助听器	
技能训练考核内容		考核标准	得分
仪器使用规范 (10 分)		能正确使用万用表、双踪示波器,使用错误一次扣 2 ~ 5 分	
电路中的元器件识别与检测 (20 分)		能够正确识别并检测各种元器件,识别错误、检测错误一次扣 2 分	
电路的装配制作 (40 分)		按顺序正确装配焊接元器件,顺序不对、工具使用不当一次扣 2 分,损坏元器件每个扣 2 分	
通电调试 (20 分)		通电后成功运行及调试,失败一次扣 10 分	
报告 (10 分)		字迹清晰、内容完整、结论正确,一处不合格扣 2 ~ 5 分	
完成日期	年　　月　　日	总分	

【思考与练习】

2-1　填空题

(1) 晶体管放大电路有_____、_____和_____三种组态。

(2) 对放大电路的分析存在_____和_____两种状态,静态值在特性曲线上所对应的点称为_____点。

(3) 在单级共发射极放大电路中,如果输入为正弦波形,用示波器观察 u_o 和 u_i 的波形,则 u_o 和 u_i 的相位关系为_____,当为共集电极电路时,则 u_o 和 u_i 的相位关系为_____。

(4) 放大电路的静态工作点由它的_____通路决定,而放大电路的增益、输入电阻、输出电阻等由它的_____通路决定。

(5) 温度对晶体管的参数影响较大,当温度升高时,I_{CBO}_____,β_____,正向发射结电压 U_{BE}_____。

(6) 放大电路的输出电阻小,向外输出信号时,自身损耗少,有利于提高_____能力。

（7）多级放大器各级之间的耦合连接方式一般情况下有_____、_____、_____和_____。

（8）直接耦合多级放大电路存在的两个主要问题是_____和_____。

2-2　选择题

（1）在基本放大电路的三种组态中，输入电阻最大的放大电路是（　　　）。

A. 共发射极放大电路　　　　　　　　B. 共基极放大电路

C. 共集电极放大电路　　　　　　　　D. 不能确定

（2）在基本共发射极放大电路中，负载电阻 R_L 减小时，输出电阻 r_o 将（　　　）。

A. 增大　　　　　　B. 减少　　　　　　C. 不变　　　　　　D. 不能确定

（3）在三种基本放大电路中，输入电阻最小的放大电路是（　　　）。

A. 共发射极放大电路　　　　　　　　B. 共基极放大电路

C. 共集电极放大电路　　　　　　　　D. 不能确定

（4）以下电路中，可用作电压跟随器的是（　　　）。

A. 差分放大电路　　B. 共基极电路　　C. 共发射极电路　　D. 共集电极电路

（5）晶体管的关系式 $i_C = f(u_{BE})\big|_{u_{CE}=常数}$ 代表晶体管的（　　　）。

A. 共射极输入特性　　　　　　　　　B. 共射极输出特性

C. 共基极输入特性　　　　　　　　　D. 共基极输出特性

（6）NPN 型管基本共发射极放大电路输出电压出现了非线性失真，通过减小 R_B 失真消除，这种失真一定是（　　　）失真。

A. 饱和　　　　　　B. 截止　　　　　　C. 双向　　　　　　D. 相位

（7）要求组成的多级放大电路体积最小，应选（　　　）耦合方式。

A. 阻容　　　　　　B. 直接　　　　　　C. 变压器　　　　　D. 阻容或变压器

（8）一个放大器由两级相同的放大器组成，已知它们的增益分别为 30dB 和 40dB，则放大器的总增益为（　　　）。

A. 30dB　　　　　　B. 40dB　　　　　　C. 70dB　　　　　　D. 1200dB

（9）在基本共发射极放大电路中，信号源内阻 R_S 减小时，输入电阻 r_i 将（　　　）。

A. 增大　　　　　　B. 减少　　　　　　C. 不变　　　　　　D. 不能确定

（10）在三种基本放大电路中，电压增益最小的放大电路是（　　　）。

A. 共发射极放大电路　　　　　　　　B. 共基极放大电路

C. 共集电极放大电路　　　　　　　　D. 不能确定

2-3　放大电路组成原则有哪些？试分析图 2-38 所示各电路是否能够放大正弦交流信号，并简述理由。设图中所有电容对交流信号均可视为短路。

2-4　如图 2-39 所示电路中，已知晶体管的 $\beta = 80$，$r_{be} = 1\text{k}\Omega$，$u_i = 20\text{mV}$；静态时 $U_{BEQ} = 0.7\text{V}$，$U_{CEQ} = 4\text{V}$，$I_{BQ} = 20\mu\text{A}$。判断下列结论是否正确，凡对的在括号内打"√"，否则打"×"。

（1）$A_u = -\dfrac{4}{20 \times 10^{-3}} = -200$（　　　）　　　（2）$A_u = -\dfrac{4}{0.7} \approx -5.71$（　　　）

（3）$A_u = -\dfrac{80 \times 5}{1} = -400$（　　　）　　　（4）$A_u = -\dfrac{80 \times 2.5}{1} = -200$（　　　）

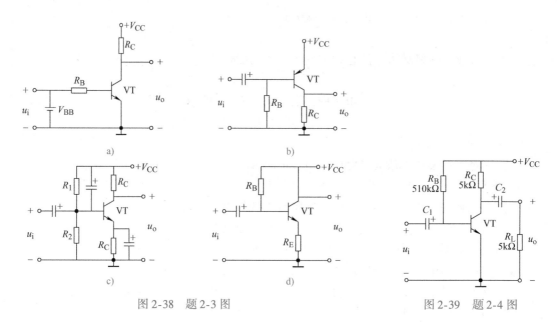

图 2-38　题 2-3 图　　　　　　　　　　图 2-39　题 2-4 图

（5）$r_i \approx 3k\Omega$（　　）　　　　　　（6）$r_i \approx 1k\Omega$（　　）

（7）$r_o \approx 5k\Omega$（　　）　　　　　　（8）$r_o \approx 2.5k\Omega$（　　）

2-5　如图 2-40 所示电路中，已知 $R_B = 250k\Omega$，$R_E = 5k\Omega$，$V_{CC} = 15V$，$\beta = 80$，$r_{be} = 2k\Omega$，$U_{BEQ} = 0.7V$。

（1）估算静态工作点 Q。

（2）求 $R_L = 5k\Omega$ 时的电压放大倍数 A_u 和输入电阻 r_i。

2-6　如图 2-41 所示电路中，已知晶体管的 $\beta = 100$，$r_{be} = 1k\Omega$，$U_{BEQ} = 0.7V$。

（1）试估算该电路的静态工作点（I_{CQ}，U_{CEQ}）。

（2）画出电路的微变等效电路（C_1、C_2、C_E 足够大）。

（3）求该电路的 A_u。

（4）求输入电阻 r_i 和输出电阻 r_o。

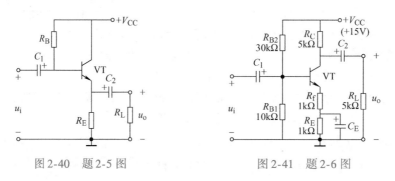

图 2-40　题 2-5 图　　　　　　　　　　图 2-41　题 2-6 图

2-7　已知电路参数如图 2-42 所示，场效应晶体管静态工作点上的互导 $g_m = 1mS$。

（1）画出该电路的小信号等效电路。

（2）求电压增益 A_u。

（3）求放大电路的输入电阻 r_i。

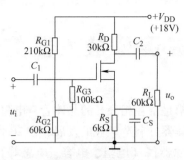

图 2-42 题 2-7 图

2-8 如图 2-43 所示电路中，已知 VT_1、VT_2 的 $\beta_1 = \beta_2 = 50$，均为硅管。求：

（1）各级静态工作点。

（2）放大电路的输入电阻 r_i、输出电阻 r_o 和电压放大倍数 A_u。

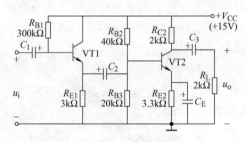

图 2-43 题 2-8 图

项目3 集成运算放大器的认识及应用

项目 2 中所讲的放大电路都是由互相分开的晶体管、电阻、电容等元器件组成的，称之为分立元器件电路。随着半导体器件制造工业的发展，在 20 世纪 60 年代初开始出现了采用专门的半导体制造工艺，将无源器件（电阻、电容、电感等）和有源器件（晶体管、场效应晶体管等）按照电路设计要求，用导线连接起来集中制作在同一小块硅片上，并封装成一个具有强大功能的整体器件，该器件称为集成电路（Integrated Crcuit）或者称为"芯片"，简称"IC"。

集成电路的用途多种多样，它可以是一个微控器（迷你计算机），或者是一个完整的音频放大器，还可以是一个计算机内存等。集成电路使电子元器件向着微小型化、低功耗和高可靠性方面迈进了一大步，集成电路让生活变得简单。图 3-1 所示为电路板上的集成电路。

集成运算放大器（Integrated Operational Amplifier）是集成电路的一种，简称集成运放。作为一种通用型器件，集成运放有着十分广泛的用途，从功能上看，它可以构成信号的运算、处理和产生电路。

图 3-2 所示电路就是由集成运放 μA741 构成的一种水温控制器电路。电路中利用 R_t 热敏电阻来检测水温。R_t 在 25℃ 时的电阻值为 100kΩ，温度系数为

图 3-1 电路板上的集成电路

1kΩ/℃，当其受热时电阻值会变化，该电阻与 RP$_1$ 将电源电压 6V 分压后加到 IC 的 3 引脚作为比较电压。当水温低于 90℃ 时，IC 的同相端 3 引脚电压大于 2 引脚上的基准电压，其 6 引脚输出高电平；当水温高于 90℃ 时，6 引脚则输出低电平。

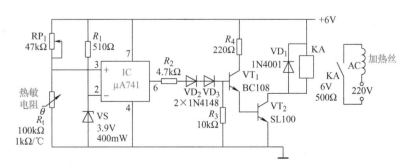

图 3-2 由 μA741 构成的水温控制器电路

若水温低于90℃，则高电平经R_2、VD_3、VT_1、VT_2使继电器KA得电动作，其触点接通加热器供电；当水温超过90℃，KA继电器又切断了加热器的供电。该电路可将水温控制在90℃左右，适用于对热水器水温的控制。

本项目主要介绍集成运放在信号运算和处理方面的应用电路。所讨论的信号运算电路包括比例、加法、减法、积分、微分电路；所讨论的信号处理电路包括有源滤波和电压比较器。

知识目标：

1. 掌握集成运算放大器的组成及特点。
2. 掌握反馈的概念及反馈类型的判别方法。
3. 掌握常用的几种基本集成运算放大电路的特点，能够进行实际应用。

技能目标：

1. 会用仪器、仪表对电路中元器件的性能指标进行测量。
2. 能够利用集成运算放大器进行其他功能电路的实际应用。

任务1 了解集成运放的特点

任务要求：

1. 了解集成运放的组成及特点。
2. 正确理解集成运放的主要参数含义。
3. 掌握理想运放的参数，以及工作在非线性区和线性区的特点。

1.1 集成运放的组成及特点

1. 集成运放简介

集成运算放大器是一种高放大倍数、高输入电阻、低输出电阻、集成化了的直接耦合多级放大器。它在自动控制、测量设备、计算技术和电信等几乎一切电子技术领域中获得了日益广泛的应用。它因早期用于电子模拟计算机进行各种数字运算而得名。目前集成运算放大器的应用已经远远超出了计算机范围。

典型集成运放的外形、特点及应用见表3-1。

表3-1 典型集成运放的外形、特点及应用

名　称	外　形	特点及应用
金属圆形		可靠性高，散热和屏蔽性能好，价格高，主要用于高档产品

（续）

名 称	外 形	特点及应用
双列直插式 DIP		塑封造价低，应用最广
贴片式 SOP		体积小，用于微组装产品

2. 集成运放的组成

集成运放主要由输入级、中间级、输出级和偏置电路四部分组成，如图 3-3 所示。

（1）输入级　输入级大都采用差动放大电路的形式，可以减小放大电路的"零点漂移"，提高输入电阻。

（2）中间级　中间级的主要任务是提高整个电路的电压放大倍数，一般由一级或多级放大器组成，能较好地改善基本组态放大器放大能力的不足。

（3）输出级　一般由射极输出器或互补对称电路构成，输出电阻很小，能使输出端获得较大功率，提高带负载的能力。

（4）偏置电路　偏置电路的作用是给集成运放的各级电路提供合适的偏置电流，稳定各级静态工作点，一般由恒流源电路组成。

集成运算放大器的图形符号如图 3-4 所示。集成运算放大器主要有两个输入端，一个输出端。标有"－"的输入端称为反相输入端，仅由此端输入信号时，输出电压 u_o 与输入电压 u_i 相位相反；标有"＋"的输入端称为同相输入端，仅由此端输入信号时，输出电压 u_o 与输入电压 u_i 相位相同。

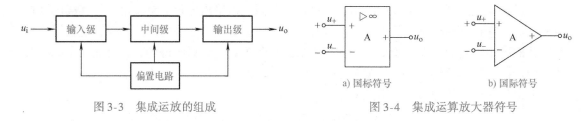

图 3-3　集成运放的组成　　　　　　　　图 3-4　集成运算放大器符号

1.2　集成运放的主要参数及选择方法

为了正确地选择和使用集成运放，必须了解集成运放参数的含义。而集成运放的参数一般可分为直流参数和交流参数两大类，下面将分别介绍。

1. 直流参数

（1）输入失调电压 U_{IO}　一个理想的集成运放，当输入电压为零时，输出电压应该为零。但实际上它的差分输入级很难做到完全对称，所以在输入电压为零时，输出端总存在一定的输出电压，将这个输出电压折算到输入端，称为集成运放的输入失调电压，即

$$U_{IO} = \left| \frac{U_O}{A_{Od}} \right|_{u_I = 0}$$

式中，A_{Od} 是集成运放的开环差模电压放大倍数；U_O 是输出电压；u_I 是输入电压。

U_{IO} 的大小反映了集成运放的对称程度和电位的配合情况，U_{IO} 的值越大，说明电路的对称程度越差，U_{IO} 的值一般为 $1 \sim 10\text{mV}$，高质量的集成运放 U_{IO} 的值为 $1 \sim 20\mu\text{V}$。

（2）输入失调电流 I_{IO}　在双极型集成运放中，输入失调电流指当输入电压为零时流入运放的两个输入端的静态基极电流 I_{B1} 与 I_{B2} 之差，即

$$I_{IO} = \left| I_{B1} - I_{B2} \right|_{u_I = 0}$$

I_{IO} 的大小反映了输入级差分对管的不对称程度，通常 I_{IO} 越小越好，其值一般为 $1 \sim 10\text{nA}$。

2. 交流参数

（1）开环差模电压放大倍数 A_{Od}　在规定负载的情况下，集成运放在开环（不加任何反馈元器件）时的差模电压增益称为开环差模电压放大倍数，常用分贝（dB）表示。

（2）共模抑制比 K_{CMR}　共模抑制比指集成运放的开环增益与共模增益之比。它也常用分贝表示，是衡量集成运放抑制零点漂移能力的重要指标。一般通用型集成运放的 K_{CMR} 为 $80 \sim 120\text{dB}$，高精度集成运放可达 140dB。

（3）差模输入电阻 r_{id} 和输出电阻 r_o　差模输入电阻是集成运放在开环情况下加差模信号时，从集成运放两输入端看进去的输入电阻。该指标越大越好，以 BJT 为输入级的集成运放，r_{id} 一般为几百千欧到数兆欧；以 MOSFET 为输入级的集成运放，$r_{id} > 10^{12}\Omega$。

一般集成运放的输出电阻 $r_o < 200\Omega$。

（4）最大差模输入电压 U_{Idm}　当集成运放所加的差模信号大到一定程度时，输入级某一侧的晶体管将产生反向击穿而不能工作，U_{Idm} 是指保证集成运放输入级晶体管不被击穿所允许的最大差模输入电压值。

（5）最大共模输入电压 U_{Icm}　当集成运放所加的共模信号大到一定程度时，输入级的晶体管将不可能正常放大。U_{Icm} 是指保证集成运放正常工作时所允许的最大共模电压值。当共模输入电压高于此值时，集成运放便不能对差模信号进行放大，因此，实际使用中，要特别注意输入信号中共模信号分量的大小。

（6）开环带宽 BW　开环带宽又称为 -3dB 带宽，是指集成运放的开环差模电压放大倍数 A_{Od} 下降到 3dB（即下降到约 0.707 倍）时对应的频率范围。

3. 集成运放的选择

通常情况下，在设计集成运放应用电路时，没有必要研究它的内部电路，而是根据设计需要寻找具有相应性能指标的芯片。因此，了解集成运放的类型，理解其主要性能指标的物理意义，是正确选择集成运放的前提。应根据以下几方面的要求选择集成运放。

（1）信号源的性质　根据信号源是电压源还是电流源、内阻大小、输入信号的幅值及频率范围等，选择集成运放的差模输入电阻、-3dB 带宽等指标参数。

（2）负载的性质　根据负载电阻的大小，确定所需集成运放的输出电压和输出电流的幅值。对于容性负载和感性负载，还要考虑它们对频率参数的影响。

（3）准确度要求　对集成运放准确度要求要恰当，过低不能满足要求，过高将增加成本。

（4）环境条件　选择集成运放时，必须考虑到工作温度范围、工作电压范围、功耗、体积限制及噪声源的影响等因素。

1.3　集成运放的电压传输特性及理想集成运放

1. 集成运放的电压传输特性

集成运放的输出电压 u_o 与输入电压 $u_{id} = u_+ - u_-$ 之间的关系曲线称为电压传输特性曲线，如图 3-5 所示。

由图 3-5a 可见，实际集成运放有两个工作区，在 u_{id} 很小的范围内运放处于线性工作区，$u_o = A_{Od}u_{id}$，输出电压的最大值为 $\pm U_{OM}$；当输入电压 $|u_{id}| > \left| \dfrac{U_{OM}}{A_{Od}} \right|$ 时，输出电压不在跟随输入电压线性变化，此时输出电压为 $\pm U_{OM}$，集成运放处于非线性工作区。

a) 实际运放的电压传输特性曲线　　　　b) 理想运放的电压传输特性曲线

图 3-5　集成运放的电压传输特性曲线

2. 理想集成运放

在实际中为了分析方便，常将集成运放的各项指标理想化，即将其看成为理想运放，其电压传输特性曲线如图 3-5b 所示。理想集成运放的参数如下：

1）开环差模电压放大倍数：$A_{Od} = \infty$。

2）开环差模输入电阻：$r_{id} = \infty$。

3）开环输出电阻：$r_o = 0$。

4）共模抑制比 $K_{CMR} = \infty$。

5）上限截止频率 $f_H = \infty$。

实际上，集成运放的技术指标均为有限值，理想后必然带来分析误差。但是，在一般的工程计算中，这些误差都是允许的。随着新型集成运放的不断出现，性能指标越来越接近理想，误差也就越来越小。

本项目讨论的各种应用电路，除特别注明外，都将集成运放作为理想集成运放来考虑。

1.4　常用集成运放的类型及选用

集成运放的类型很多，按照性能及应用场合的不同，通常分为通用型和特殊型两类。通用型集成运放，如 μA741（单运放）、LM358（双运放）等，这类器件的特点是价格低廉，应用面广，其性能指标适合于一般性场合使用，在没有特殊要求的场合下，尽量选用通用型集成运放。特殊型集成运放有高阻型、高速型和低功耗型。高阻型集成运放的特点是差模输入阻抗非常高，输入偏置电流非常小，如 LF347、LF355、CA3140 等，适用于信号发生电路和测量放大电路。高速型集成运放的特点是具有高的转换速率和宽的频率响应，如 LM318，适用于数–模转换器和模–数转换器；低功耗型集成运放的特点是静态功耗低、工作电源电压低等，如 TLC2252，适用于对能源有严格限制的情况。

集成运放共有 5 类引出端，其引脚的识别以缺口作为辨别标记（有的产品是以商标方向作为标记），标记朝上，逆时针数依次为 1、2、3、…。以 μA741 为例，其引脚排列及封装形式如图 3-6 所示。

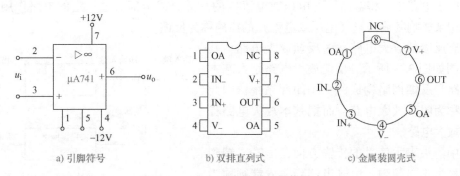

a) 引脚符号　　　　　　b) 双排直列式　　　　　　c) 金属装圆壳式

图 3-6　μA741 引脚排列及封装形式

（1）输入端　集成运放有同相输入、反相输入及差动输入三种输入方式。输入端有两个，通常用"＋"表示同相端，即该端输入信号变化的极性与输出端相同；用"－"表示反相端，即该端输入信号变化的极性与输出端相异，从"－""＋"两个端输入称差分输入（$u_{id} = u_- - u_+$），输出电压与差分输入电压相位相反。

（2）输出端　即放大信号的输出端，只有一个，通常为对地输出电压。

（3）电源端　集成运放为有源器件，工作时必须外接电源。一般有两个电源端，对双电源的集成运放，其中一个为正电源端，另一个为负电源端；对单电源的集成运放，一端接正电源，另一端接地。

（4）调零端　一般有两个引出端。将其接到电位器的两个外端，而电位器的中心调节端接正电源或负电源端。有些集成运放不设调零端，调零时需外加调零电路。

（5）相位补偿（或校正）端　其引出端数目因型号不同而不同，一般为两个引出端，多者有 3 个或 4 个。有些型号的集成运放采用内部相位补偿的方法，所以不设外部相位补偿端。

任务2　认识放大电路中的反馈

任务要求：

1. 掌握反馈的基本概念。
2. 能正确判断反馈类型及掌握各种反馈类型的特点。

3. 掌握负反馈对放大性能的影响。

4. 能根据要求引入适当的反馈形式，或选择合适的负反馈放大电路。

在实用放大电路中，几乎都要引入这样或那样的反馈，其中负反馈在电子电路中得到极其广泛的应用，因为它对改善放大电路的工作性能起着十分重要的作用。因此本任务是本课程的一个重点内容，同时也是一个难点。学习时应注意搞清物理概念，并归纳出一般规律。

2.1 反馈的基本概念

1. 反馈的定义

在电子电路中，将输出量（电压或电流）的一部分或全部通过一定的电路作用到输入回路，用来影响其输入量（电压或电流）的措施称为反馈。

含有反馈的放大电路称为反馈放大电路，其组成框图如图 3-7 所示。反馈放大电路是由基本放大电路和反馈网络构成的一个闭环系统，因此又把它称为闭环放大电路，而把基本放大电路称为开环放大电路。

图中箭头表示信号的传输方向，由输入端到输出端称为正向传输，由输出端到输入端则称为反向传输。反馈信号从输出端取出，反向送到输入端。所以反馈信号与输出端的连接点称为采样点，与输入端的连接点称为求和点。

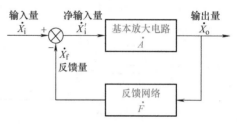

图 3-7 反馈放大电路组成框图

2. 反馈放大电路的一般关系式

放大电路的开环放大倍数 $\dot{A}$：

$$\dot{A} = \frac{\dot{X}_o}{\dot{X}'_i}$$

反馈系数 $\dot{F}$：

$$\dot{F} = \frac{\dot{X}_f}{\dot{X}_o}$$

放大电路的闭环放大倍数 $\dot{A}_f$：

$$\dot{A}_f = \frac{\dot{X}_o}{\dot{X}_i}$$

净输入信号 $\dot{X}'_i$：
根据上面关系式，可得

$$\dot{X}'_i = \dot{X}_i - \dot{X}_f$$

$$\dot{A}_f = \frac{\dot{A}}{1 + \dot{A}\dot{F}} \tag{3-1}$$

式中，$1 + \dot{A}\dot{F}$ 称为反馈深度，用字母 D 表示，它的大小反映了反馈的强弱。在负反馈放大电路中，反馈深度 $|1 + \dot{A}\dot{F}| \gg 1$ 时的反馈，称为深度负反馈。一般在 $|1 + \dot{A}\dot{F}| \geqslant 10$ 时，就可以认为是深度负反馈。此时，由于 $1 + \dot{A}\dot{F} \approx \dot{A}\dot{F}$，因此有 $\dot{A}_\mathrm{f} = 1/\dot{F}$。说明深度负反馈的闭环放大倍数 $\dot{A}_\mathrm{f}$ 只与反馈系数 $\dot{F}$ 有关，而与开环放大倍数 $\dot{A}$ 几乎无关。在深度负反馈条件下，由于 $\dot{X}_\mathrm{i} \approx \dot{X}_\mathrm{f}$，则有 $\dot{X}_\mathrm{i}' \approx 0$，即净输入量近似为零。

如果放大电路工作在中频段，而且反馈网络是纯电阻性时，$A_\mathrm{f} = \dfrac{A}{1 + AF}$。

2.2 反馈的基本类型及判别方法

在实际的放大电路中，可根据不同的要求引入不同类型的反馈。放大电路中反馈的常见类型有直流、交流和交直流反馈，正、负反馈，电压和电流反馈，串联和并联反馈，本级反馈与级间反馈。

1. 直流、交流和交直流反馈

根据反馈信号中包含的交、直流成分来分，可以分为直流反馈、交流反馈和交直流反馈。

1）直流反馈——反馈信号为直流量的反馈。直流反馈的主要作用是稳定静态工作点。

2）交流反馈——反馈信号为交流量的反馈。交流反馈的作用是用来改善放大电路的动态特性。

3）交直流反馈——反馈信号既有直流量又有交流量的反馈。

交、直流反馈的判断方法：首先画出放大电路的直流通路和交流通路，若反馈网络存在于直流通路中，则为直流反馈；若反馈网络存在于交流通路中，则为交流反馈；若反馈网络存在于交流和直流通路中，则为交直流反馈。

如图 3-8a 所示电路中，R_E1、R_E2、C_E 构成了反馈网络，在图 3-8b 所示直流通路中，C_E 开路，反馈元件 R_E1、R_E2 构成了直流反馈；在图 3-8c 所示交流通路中，由于 C_E 交流短路，反馈元件只剩下 R_E1，它构成了交流反馈。

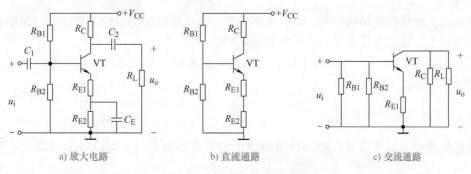

图 3-8 直流反馈和交流反馈

2. 正反馈和负反馈

1）正反馈——反馈使净输入信号增大，从而使输出信号增大，即反馈信号增强了输入信号，使放大电路的放大倍数得到提高，这样的反馈称为正反馈。正反馈多用于振荡和脉冲电路中。

2）负反馈——反馈使净输入信号减小，从而使输出信号减小，即反馈信号削弱了输入信号，使放大电路的放大倍数降低，这样的反馈称为负反馈。引入负反馈可以改善放大电路的性能指标，因此在放大电路中被广泛采用。

正、负反馈的判断可以采用瞬时极性法：

1）假设输入信号 u_i 在某一瞬时对地电压的极性为正（或负），用符号 $\oplus$ 或 $\ominus$ 表示。

2）沿着 u_i 信号正向传输的路径，依次推出电路中相关点的瞬时极性，用符号 $\oplus$ 或 $\ominus$ 标注。

3）判断反馈到输入端信号的瞬时极性是增强还是削弱了原来的输入信号，若反馈量的引入使净输入量增加，为正负反馈，反之为负反馈。

需要强调的是，当信号经过晶体管时，基极的极性与集电极的极性相反，与发射极的极性相同，即 B、C 反相，B、E 同相。信号经过电阻和电容时不改变极性。信号在经过集成运放时，从同相端输入，则输出与输入同相；从反相端输入，则输出与输入反相。

用瞬时极性法判断正、负反馈，归纳起来就是：当输入信号 u_i 与反馈信号 u_f 在输入端的不同点时，若两者瞬时极性相同，为负反馈，相反，为正反馈。当输入信号 u_i 与反馈信号 u_f 在输入端的同一点时，若两者瞬时极性相同，为正反馈；极性相反，为负反馈。

3. 电压反馈和电流反馈

按照从放大电路输出端取的反馈信号的不同来划分，可分为电压反馈和电流反馈。

1）电压反馈——反馈信号取自输出电压的反馈。

2）电流反馈——反馈信号取自输出电流的反馈。

通常把从输出端取信号的过程称为取样。

判断电压反馈、电流反馈的方法：

方法一：将输出负载 R_L 短路（或 $u_o = 0$），若反馈消失则为电压反馈，若反馈仍然存在则是电流反馈。

方法二：根据电路结构判断。在交流通路中，若反馈网络的取样点和放大电路的输出端在同一节点上，就是电压反馈，否则为电流反馈。

用上述两种方法可以判断图 3-9 所示电路中的反馈。图 3-9a 中 R_E 构成了电压反馈，图 3-9b 中 R_E 构成了电流反馈。

4. 串联反馈和并联反馈

按照反馈量与原输入量在输入回路中叠加的形式不同划分，可以分为串联反馈和并联反馈。

1）串联反馈——从输入端看，反馈量与原输入量以电压的方式叠加（比较）的反馈。

2）并联反馈——从输入端看，反馈量与原输入量以电流的方式叠加（比较）的反馈。

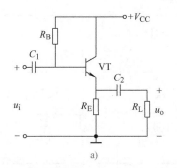
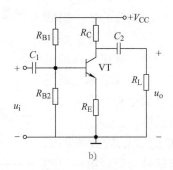

图3-9 电压反馈和电流反馈

判断串联反馈、并联反馈的方法：

方法一：将输入信号短路（或 $u_i = 0$），看反馈信号是否存在。若反馈信号为零，则是并联反馈，否则为串联反馈。

方法二：根据电路结构判断。在交流通路中，反馈线与输入信号接线在同一节点上，则为并联反馈；若反馈线与输入信号线接在不同节点上，则为串联反馈。

如图3-10a所示电路中，用上述的两种方法可以判断出，R_f、C_4 构成了串联反馈，图3-10b所示电路中 R_f 构成了并联反馈。

5. 本级反馈与级间反馈

除了上述的分类方法之外，反馈还可以分为本级反馈和级间反馈。

1）本级反馈——反馈信号从某一级放大电路的输出端取样，只引回到本级放大电路的输入回路的反馈。本级反馈只能改善一个放大电路内部的性能。

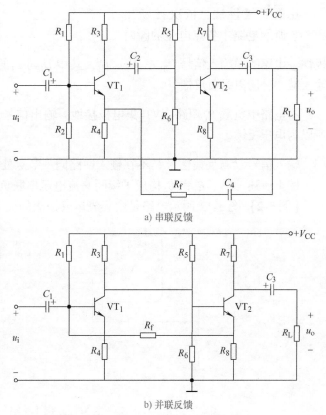

图3-10 串联反馈和并联反馈

2）级间反馈——反馈信号从多级放大电路某一级的输出端取样，把输出量引回到前面另一个放大电路的输入回路中去的反馈。反馈网络跨接在级与级之间。级间反馈可以改善整个反馈环路内放大电路的性能。

判断放大电路反馈类型的基本顺序：本级反馈或级间反馈→直流、交流反馈→电压、电流反馈→串联、并联反馈→正、负反馈。

【例3-1】分析图3-11所示反馈放大电路中有哪些反馈？并判断各反馈的类型。

解： 图3-11所示电路为两级阻容耦合放大电路，VT_1、VT_2 均为分压偏置式共发射极放大电路，其中 R_4 构成了第一级的本级反馈，由前面介绍的方法很容易判断该反馈为交、直流并存的电流串联负反馈。R_8 构成了第二级的本级反馈，它也属于交、直流并存的电流串联负反馈。

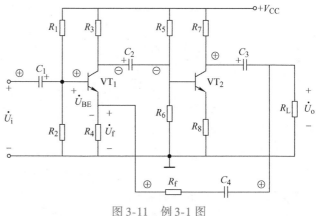

R_4、R_f 和 C_4 能把放大器第二级输出的交流信号引回到第一级的输入端，故为级间反馈。

用瞬时极性法，依次推断出图 3-8 所示电路中各点电位的瞬时

图 3-11　例 3-1 图

极性，电路的净输入信号 $\dot{U}_{BE} = \dot{U}_i - \dot{U}_f$，其中 $\dot{U}_i$ 与 $\dot{U}_f$ 的瞬时极性相同，电路引入反馈使净输入减小，所以是负反馈。

将电路中负载 R_L 短路，VT_2 集电极接地，输出信号 $\dot{U}_o$ 直接经导线到地，反馈信号消失，所以为电压反馈。

输入信号 $\dot{U}_i$ 与反馈信号 $\dot{U}_f$ 不在输入回路同一节点处，所以是串联反馈。

综上所述，R_4、R_f 和 C_4 构成了级间交流电压串联负反馈。

【例 3-2】图 3-12 所示电路是由集成运放构成的放大电路，判断其反馈类型。

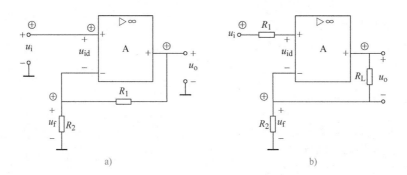

图 3-12　例 3-2 图

解： 由集成运放构成的放大电路和由晶体管构成的共发射极放大电路相比较：集成运放的同相输入端 u_+ 对应于晶体管的基极输入端，反相输入端 u_- 对应晶体管的发射极，集成运放的输出端对应于晶体管集电极输出端。集成运放的净输入量为 u_{id}。

图 3-12a 所示电路中，输出信号通过反馈网络 R_1 和 R_2 引回到集成运放的输入端，采用瞬时极性法判断极性为负反馈，且是交直流负反馈。利用假设负载短路法分析是电压反馈。从输入端看，输入信号 u_i 与反馈信号 u_f 不在同一节点，所以是串联反馈。综上所述该电路的反馈类型是电压串联负反馈。

图 3-12b 所示电路中，输出信号通过反馈网络 R_L 和 R_2 引回到集成运放的输入端，采用瞬时极性法判断极性为负反馈，且是交直流负反馈。利用假设负载短路法分析是电流反馈。

从输入端看，输入信号 u_i 与反馈信号 u_f 不在同一节点，所以是串联反馈。综上所述该电路的反馈类型是电流串联负反馈。

2.3 深度负反馈放大电路电压放大倍数的估算

实用的放大电路中多引入深度负反馈，并常需要对电路的放大倍数进行定量计算。利用深度负反馈的特点，可以很方便地将电路的放大倍数估算出来。

在深度负反馈条件下，闭环放大倍数为 $\dot{A}_f \approx 1/\dot{F}$

可推出：

$$\dot{X}_i' = \dot{X}_i - \dot{X}_f \approx 0$$

因此，有如下结论：

1）对于深度串联负反馈，$\dot{X}_i$ 与 $\dot{X}_f$ 均为电压信号，则有

$$\dot{U}_i \approx \dot{U}_f, \quad \dot{U}_i' \approx 0$$

2）对于深度并联负反馈，$\dot{X}_i$ 与 $\dot{X}_f$ 均为电流信号，则有

$$\dot{I}_i \approx \dot{I}_f, \quad \dot{I}_i' \approx 0$$

下面介绍深度负反馈放大电路电压放大倍数的两种估算方法。

（1）利用近似公式 $\dot{A}_f \approx 1/\dot{F}$ 估算闭环电压放大倍数　用此方法进行计算时，需先求 $\dot{F}$，再求 $\dot{A}_f$。在四种组态的负反馈中，只有电压串联负反馈可用这种方法直接计算结果（其他三种组态需对输入、输出电阻做近似处理，转换后方可求出）。

（2）利用关系式 $\dot{X}_i \approx \dot{X}_f$ 估算闭环电压放大倍数　根据负反馈放大电路，列出 $\dot{U}_i$ 和 $\dot{U}_f$（或 $\dot{I}_i$ 和 $\dot{I}_f$）的表达式，然后利用 $\dot{X}_i \approx \dot{X}_f$ 的关系式，估算出闭环电压放大倍数。

【例3-3】图3-13所示电路均为深度负反馈放大电路，试估算各电路的闭环电压放大倍数。

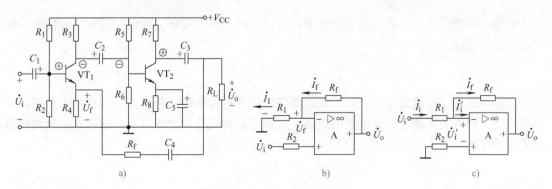

图3-13 深度负反馈放大电路

解：首先判断负反馈电路的组态，图3-13a、b所示电路的组态为电压串联负反馈，图3-13c所示电路的组态为电压并联负反馈。

在图3-13a中，因为该电路是两极共发射极放大电路，所以 $\dot{U}_o$ 与 $\dot{U}_i$ 同相。电路中 R_4 和 R_f 组成了反馈网络，R_4 上获得的电压为反馈电压，因此反馈系数为

$$\dot{F} = \frac{\dot{U}_f}{\dot{U}_o} = \frac{R_4}{R_4 + R_f}$$

电路的闭环电压放大倍数为

$$\dot{A}_{uf} = \frac{\dot{U}_o}{\dot{U}_i} \approx \frac{1}{\dot{F}} = 1 + \frac{R_f}{R_4}$$

在图 3-13b 中,反馈系为

$$\dot{F} = \frac{\dot{U}_f}{\dot{U}_o} = \frac{R_1}{R_1 + R_f}$$

电路的闭环电压放大倍数为

$$\dot{A}_{uf} = \frac{\dot{U}_o}{\dot{U}_i} \approx \frac{1}{\dot{F}} = 1 + \frac{R_f}{R_1}$$

在图 3-13c 中,$\dot{U}_i' \approx 0$,$\dot{I}_i' \approx 0$,所以 $\dot{I}_i \approx \dot{I}_f$。

电路的闭环电压放大倍数为

$$\dot{A}_{uf} = \frac{\dot{U}_o}{\dot{U}_i} = \frac{-\dot{I}_f R_f}{\dot{I}_1 R_1} = -\frac{R_f}{R_1}$$

2.4　负反馈对放大电路性能的影响

放大电路引入负反馈后,虽然放大倍数有所下降,但是提高了放大电路的稳定性。而且远不止于此,采用负反馈还能改善放大电路的其他各项性能,归纳如下。

1. 稳定放大倍数

设输入中频信号,反馈网络是纯电阻电路,A 和 F 都为实数,则负反馈放大倍数的一般表达式可以写成

$$A_f = \frac{A}{1 + AF}$$

实际中,由于环境温度的变化,或元器件老化等各种原因,都可能导致放大电路的放大倍数改变,引入负反馈可以使放大电路放大倍数的相对变化量大幅减小,也就是使放大倍数的稳定性提高。引入负反馈,特别是引入深度负反馈时有

$$A_f = \frac{A}{1 + AF} \approx \frac{1}{F}$$

这时,A_f 反比于反馈网络的反馈系数,几乎与基本放大电路的放大倍数 A 无关。如果选用性能相对稳定的无源器件构成反馈网络,那么引入负反馈后,放大电路的放大倍数就基本上是稳定的。

引入负反馈后电路放大倍数的相对变化减小到原来的 $\dfrac{1}{1 + AF}$,或者说电路的稳定性提高了 $1 + AF$ 倍。

2. 扩展通频带

由于引入负反馈后，因各种原因引起的放大倍数的变化都将减小，当然也包括因信号频率变化而引起的放大倍数的变化，因此其效果是展宽了通频带。

无反馈时，由于电路中电抗元件的存在，以及寄生电容和晶体管结电容的存在，会造成放大器放大倍数随频率而变，使中频段放大倍数较大，而高频段和低频段放大倍数较小，放大电路的幅频特性如图 3-14 所示。图中，$A(f)$、A_m、f_H、f_L、f_{BW} 分别为无反馈时放大电路的幅频特性、中频放大倍数、上限频率、下限频率和通频带宽度，其通频带 $f_{BW} = f_H - f_L$ 较窄；$A_f(f)$、A_{mf}、f_{Hf}、f_{Lf}、f_{BWf} 分别为引入负反馈后放大电路的幅频特性、中频放大倍数、上限频率、下限频率和通频带宽度，其通频带 f_{BWf} 较宽。

加入负反馈后，利用负反馈的自动调整作用，就可以纠正放大倍数随频率而变的特性，使通频带展宽。

3. 减小非线性失真

由于放大器件特性曲线的非线性，当输入信号为正弦波时，输出信号的波形可能不再是一个正弦波，而将产生或多或少的非线性失真。当信号幅度比较大时，非线性失真现象更明显。引入负反馈可以减小非线性失真，改善输出波形，如图 3-15 所示。

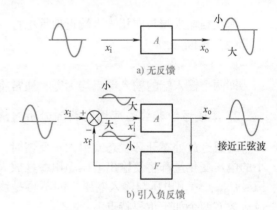

a) 无反馈

b) 引入负反馈

图 3-15 利用负反馈减小非线性失真

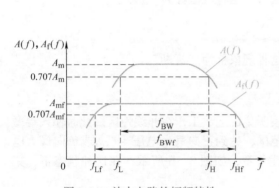

图 3-14 放大电路的幅频特性

4. 改变输入电阻和输出电阻

放大电路引入不同组态的负反馈后，对输入电阻和输出电阻将产生不同的影响。

1）对输入电阻的影响：串联负反馈将增大输入电阻，并联负反馈将减小输入电阻。

2）对输出电阻的影响：电压负反馈将减小输出电阻，电流负反馈将增大输出电阻。

任务3 集成运放的基本应用

任务要求：

1. 掌握集成运放线性应用的分析方法。
2. 掌握比例运算、加法及减法电路的结构及工作原理。

3. 了解积分、微分电路的结构和工作原理。

4. 了解有源滤波器的分类及特点。

5. 掌握集成运放非线性应用的分析方法。

在集成运放接入负反馈网络的闭环状态时，改变输入电路和反馈网络的阻抗形式，输入和输出之间就可以实现各种特定形式的函数关系，即集成运算放大器可对输入信号进行各种数学运算和处理。掌握组成运算和信号处理电路的共同规律及分析问题的方法，为进一步学习其他集成运放应用电路打下基础。

3.1 集成运放应用电路的一般分析方法

集成运放工作在线性区和非线性区时，有不同的特点，这些特点通常是分析集成运放应用电路的重要依据。因此在分析集成运放应用电路的工作原理时，应首先搞清楚集成运放工作的区域，然后根据各自的特点对电路进行分析。

1. 集成运放线性应用电路的分析方法

为了使集成运放工作在线性区，通常要引入深度负反馈。理想集成运放工作在线性区时，有两个重要特性：

（1）虚短

$$u_+ = u_-$$

即反相输入端与同相输入端近似等电位，通常将这种现象称为"虚短"。

（2）虚断

$$i_+ = i_- = 0$$

即两个输入端的输入电流均为零，通常将这种现象称为"虚断"。

2. 集成运放非线性应用电路的分析方法

集成运放处在开环状态或引入正反馈时，表明集成运放工作在非线性区。此时输入端微小的电压变化量都将使输出电压超出线性放大范围，达到正向最大电压 $+U_{OM}$ 或负向最大电压 $-U_{OM}$，输出电压与输入电压之间不再是线性关系，如图 3-5b 所示，在这种状态下，集成运放有两个如下重要特点。

1）输出电压只有两种可能取值：

当 $u_+ > u_-$ 时，$u_o = +U_{OM}$；

当 $u_+ < u_-$ 时，$u_o = -U_{OM}$。

2）虚断，即

$$i_+ = i_- = 0$$

与线性区相同，集成运放工作在非线性区时两个输入端的输入电流也均为零。

由此可知，在分析集成运放电路时，首先应判断它是工作在什么区域，然后才能利用上述有关结论进行分析。

3.2 集成运放的线性应用

1. 基本运算电路

（1）比例运算电路 输出量与输入量成比例的运算放大电路称为比例运算电路。按输入信号的不同接法，比例运算电路可分为同相比例运算和反相比例运算两种基本电路形式，它们是各种运算放大电路的基础。在比例运算电路中，集成运算放大器必须工作在线性区。

1）反相比例运算电路。反相比例运算电路如图 3-16 所示，输入电压 u_i 加在反相输入端，故输出电压 u_o 与输入电压 u_i 反相。反馈电阻 R_f 跨接在输出端与反相输入端之间，形成深度电压并联负反馈，故集成运放工作在线性区。同相输入端与地之间接入平衡电阻 R_p（或补偿电阻），平衡电阻可以提高输入级差分放大电路的对称性，减小输入端的偏差电压。但 R_p 对运放的各项动态指标是没有影响的，其值为 $u_i = 0$ 时反相输入端总的等效电阻，即

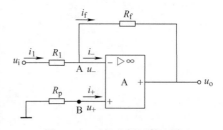

图 3-16　反相比例运算电路

$$R_p = R_1 /\!/ R_f$$

由于集成运放工作在线性区，所以有

$$u_+ = u_-$$
$$i_+ = i_- = 0$$

由虚断 $i_+ = i_- = 0$，可得

$$u_+ = 0$$

由虚短 $u_+ = u_-$，可得

$$u_- = 0$$

可见集成运放的反相输入端与同相输入端电位均为零，如同图中 A、B 两点接地一样，因此称 A、B 两点为"虚地"点。

列出节点 A 的电流方程为

$$i_1 = i_f + i_-$$

因为

$$i_- = 0$$

所以

$$i_1 = i_f$$

分析电路可得

$$i_1 = \frac{u_i - u_-}{R_1} = \frac{u_i}{R_1}$$

$$i_f = \frac{u_- - u_o}{R_f} = -\frac{u_o}{R_f}$$

因此

$$u_o = -\frac{R_f}{R_1} u_i \tag{3-2}$$

由式(3-2)可知，该电路的输出电压 u_o 与输入电压 u_i 成比例关系，比例系数为 $-R_f/R_1$，负号表示 u_o 与 u_i 相位相反，实现了信号的反相比例运算。其比例系数仅与运算放大器的外电路参数有关，而与其内部各项参数无关。

当 R_f 和 R_1 相等时，$u_o = -u_i$，该电路为反相器。

2）同相比例运算电路。同相比例运算电路如图 3-17 所示，输入电压 u_i 从同相端输入，反馈电阻

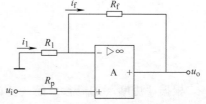

图 3-17　同相比例运算电路

R_f 仍然接在输出端与反相输入端之间,形成电压串联深度负反馈,集成运放工作在线性区。

根据"虚短"和"虚断"的概念,可得

$$u_+ = u_i = u_-$$

$$i_1 = i_f$$

$$i_1 = \frac{0 - u_-}{R_1} = -\frac{u_i}{R_1}$$

$$i_f = \frac{u_- - u_o}{R_f} = \frac{u_i - u_o}{R_f}$$

$$-\frac{u_i}{R_1} = \frac{u_i - u_o}{R_f}$$

将上式整理后得

$$u_o = \left(1 + \frac{R_f}{R_1}\right)u_i \tag{3-3}$$

式(3-3)说明,同相比例运算电路的输出电压与输入电压同相且成比例关系,比例系数大于1,且只与运放的外电路参数有关,与集成运放自身参数无关。

当 $R_f = 0$ 或 $R_1 \to \infty$ 时, $u_o = u_i$,该电路构成了电压跟随器,如图 3-18 所示。

由于理想集成运放的开环差模放大倍数为无穷大,所以电压跟随器具有比射极跟随器好得多的跟随特性。

(2)加法运算电路 加法运算电路如图 3-19a 所示,有两个输入信号加到了反相输入端,实际上可以根据需要增加或减少输入端的数目,同相输入端的平衡电阻 $R_3 = R_1 /\!/ R_2 /\!/ R_f$ 。

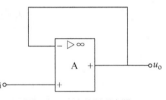

图 3-18 电压跟随器

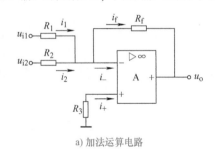

a) 加法运算电路

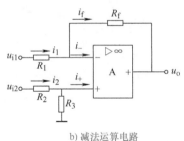

b) 减法运算电路

图 3-19 加、减法运算电路

根据"虚短"的概念,有 $u_+ = u_- = 0$,各支路的电流为

$$i_1 = \frac{u_{i1} - u_-}{R_1} = \frac{u_{i1}}{R_1}$$

$$i_2 = \frac{u_{i2} - u_-}{R_2} = \frac{u_{i2}}{R_2}$$

$$i_f = \frac{u_- - u_o}{R_f} = -\frac{u_o}{R_f}$$

根据"虚断"的概念,有 $i_+ = i_- = 0$,所以

$$i_f = i_1 + i_2$$

即

$$-\frac{u_o}{R_f} = \frac{u_{i1}}{R_1} + \frac{u_{i2}}{R_2}$$

整理得

$$u_o = -\left(\frac{R_f}{R_1}u_{i1} + \frac{R_f}{R_2}u_{i2}\right) \tag{3-4}$$

若 $R_1 = R_2 = R_f$，则上式变为

$$u_o = -(u_{i1} + u_{i2})$$

所以，该电路实现了反相加法的运算功能，是一个反相加法电路。如果两个输入信号分别从同相输入端加入，则可得到同相加法电路，请读者自行证明，在此不再赘述。

(3) 减法运算电路 减法运算电路被应用到许多场合。要实现信号相减，必须将信号分别送到集成运放的反相输入端和同相输入端，如图3-19b所示。

根据"虚断"的概念可知，$i_+ = i_- = 0$，R_2 和 R_3 相当于串联，因此

$$u_+ = \frac{R_3}{R_2 + R_3}u_{i2}$$

同理，R_1 与 R_f 上的电流为同一个电流，即 $i_1 = i_f$，所以

$$\frac{u_{i1} - u_-}{R_1} = \frac{u_- - u_o}{R_f}$$

根据"虚短"的概念，$u_- = u_+ = \frac{R_3}{R_2 + R_3}u_{i2}$，代入上式得

$$u_o = \left(1 + \frac{R_f}{R_1}\right)\frac{R_3}{R_2 + R_3}u_{i2} - \frac{R_f}{R_1}u_{i1}$$

若取 $R_1 = R_2$，$R_3 = R_f$，即电路的参数对称，可得

$$u_o = \frac{R_f}{R_1}(u_{i2} - u_{i1}) \tag{3-5}$$

电路实现了对差模输入信号的比例运算。

(4) 积分运算电路 将反相比例运算电路中的反馈电阻换成电容，即可构成基本积分运算电路，如图3-20a所示。

根据"虚短"和"虚断"的概念，可得 $u_+ = u_-$ 及 $i_+ = i_- = 0$，即 R_2 中无电流，其两端无压降，故 $u_+ = u_- = 0$，有

$$i_1 = \frac{u_i - u_-}{R_1} = \frac{u_i}{R_1}$$

又因为 $i_- = 0$，故 $i_1 = i_C$，即

$$i_C = i_1 = \frac{u_i}{R_1}$$

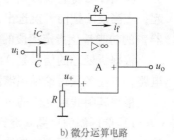

a) 积分运算电路   b) 微分运算电路

图3-20 微分、积分运算电路

假设电容的初始电压为零，则

$$u_o = -u_C = -\frac{1}{C}\int i_C dt = -\frac{1}{R_1 C}\int u_i dt$$

上式说明，输出电压 u_o 为输入电压 u_i 对时间的积分，负号表示输出与输入相位相反，R_1C 为时间常数，其值越小，积分作用越强。

当输入电压为常数（$u_i = U_i$）时，上式变为

$$u_o = -\frac{U_i}{R_1C}t \tag{3-6}$$

在实际应用电路中，常在电容上并联一个电阻，防止低频信号增益过大。

（5）微分运算电路　微分运算是积分运算的逆运算，将积分运算电路中的电阻与电容互换位置就可得到微分运算电路，如图 3-20b 所示。

由"虚短"和"虚断"的概念，有 $u_+ = u_-$ 及 $i_+ = i_- = 0$，即 R 中无电流，其两端无压降，故 $u_+ = u_- = 0$，则

$$i_f = \frac{u_- - u_o}{R_f} = -\frac{u_o}{R_f}$$

考虑到 $i_- = 0$，故 $i_f = i_C$，又因为

$$i_C = C\frac{du_C}{dt} = C\frac{du_i}{dt}$$

所以

$$C\frac{du_i}{dt} = -\frac{u_o}{R_f}$$

整理得

$$u_o = -R_fC\frac{du_i}{dt} \tag{3-7}$$

上式说明，输出电压 u_o 取决于输入电压 u_i 对时间 t 的微分，负号表示输出与输入相位相反，R_fC 为微分时间常数，其值越大，微分作用越强。

在自动控制系统中，常用积分运算电路和微分运算电路作为调节环节，除此之外，它们还广泛应用于波形的产生和变换中。

2. 滤波电路

在一个实际的电子系统中，它的输入信号往往因受干扰等原因而含有一些不必要的成分，应当设法将它衰减到足够小的程度。在另一些场合，我们需要的信号和别的信号混在一起，应当设法把前者挑选出来。为了解决上述问题，可采用滤波电路。滤波电路（或滤波器）的功能是让指定频段的信号能比较顺利地通过，而对其他频段的信号起衰减作用。

根据所处理的信号是连续变化的还是离散的，滤波电路可分为模拟滤波电路和数字滤波电路。本任务只讨论模拟滤波电路。

根据其阻止或允许通过信号的频率范围不同，滤波电路可分为 4 种：

1）低通滤波电路：允许低频信号通过，将高频信号滤除，主要用于信号处于低频或直流，而且需要削弱高次谐波和噪声的场合。

2）高通滤波电路：允许高频信号通过，将低频信号滤除，主要用于信号处于高频并且需要削弱低频信号或直流的场合。

3）带通滤波电路：允许某一频带范围内的信号通过，将此频带范围以外的信号滤除，主要用来突出有用频段的信号，削弱其余频段的信号或干扰和噪声。

4）带阻滤波电路：阻止某一频带范围内的信号通过，而允许此频带范围以外的信号通过，主要用来抑制某一频段的干扰。

根据其是否采用有源元器件，滤波电路又可分为无源滤波电路和有源滤波电路。

（1）无源滤波电路　无源滤波电路是利用电阻、电容、电感等无源元件构成的简单滤波电路。图 3-21 所示电路为无源低通滤波电路和无源高通滤波电路及其幅频特性。

无源滤波电路结构简单，所以在一般的电路中常常被采用。但它难以满足较精密的电路的要求，原因是它存在如下问题：

1）电路没有增益，且对信号有衰减，根本无法对微小信号进行滤波。

2）带负载能力差，在无源滤波电路的输出端接上负载时，其幅频特性将随负载 R_L 的变化而变化。

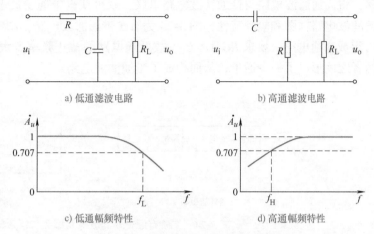

a）低通滤波电路　　　　　　b）高通滤波电路

c）低通幅频特性　　　　　　d）高通幅频特性

图 3-21　无源滤波电路及其幅频特性

（2）有源滤波电路

为了克服无源滤波电路的缺点，可用 RC 网络与放大电路组成有源滤波电路，以提高滤波性能。集成运放具有开环电压放大倍数大、输入电阻大、输出电阻小等优点，因此常用集成运放（工作在线性区）和 RC 网络组成有源滤波电路。有源滤波电路不适于高电压大电流的负载，只适用于信号处理。

1）有源低通滤波电路。有源低通滤波电路如图 3-22 所示，在图 3-22a 中，信号通过无源低通滤波网络 R_2C 接至集成运算放大器的同相输入端。这个电路的滤波原理实质还是依靠无源 R_2C 低通滤波网络。在图 3-22b 中，信号经过 R_1 加到反相输入端，同时，输出信号经 R_fC 负反馈到反相输入端。由于电容 C 具有"通高频、阻低频"特性，因此，对高频来说是深度负反馈，即运算放大器对信号的高频分量放大能力非常有限，而低频分量能非常顺利地通过。

2）有源高通滤波电路。有源

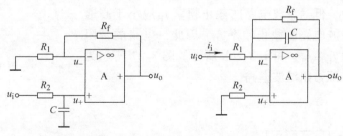

a）无源 R_2C 低通滤波网络接同相输入端　　　b）R_fC 网络接反相输入端

图 3-22　有源低通滤波电路

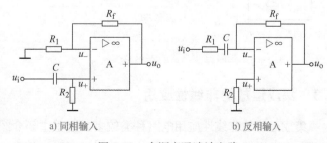

a）同相输入　　　　　　b）反相输入

图 3-23　有源高通滤波电路

高通滤波电路如图 3-23 所示。其中，图 3-23a 为同相输入接法；图 3-23b 为反相输入接法。

它们的原理是相同的，都是在无源高通滤波电路的基础上，加上集成运算放大器而成的；都是应用了电容 C 具有"通高频、阻低频"的特性，即对于低频信号，由于电容 C 的容抗很大，所以输出电压很小，随着频率的升高，电容的容抗下降，输出电压随之增大。

3）有源带通滤波电路。电路只允许某一频段内信号通过，有上限和下限两个截止频率，将高通滤波电路与低通滤波电路串联，就可获得带通滤波电路。图 3-24 为二阶有源带通滤波电路框图和幅频特性，图 3-25 为有源带通滤波电路，图中 R、C 组成低通电路，C_1、R_3 组成高通电路，要求 $RC < R_3 C_1$，故低通电路的截止频率 f_L 大于高通电路的截止频率 f_H，两者之间形成了一个通带，从而构成了带通滤波电路。

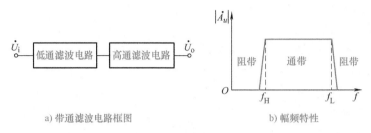

a) 带通滤波电路框图   b) 幅频特性

图 3-24 二阶有源带通滤波电路框图和幅频特性

4）有源带阻滤波电路。电路阻止某一频段的信号通过，而让该频段之外的所有信号通过，从而达到抗干扰的目的。将输入电压同时作用于低通和高通滤波电路，再将两个电路的输出电压求和，就可以得到带阻滤波器的输出电压，其原理示意图如图 3-26 所示。其中，低通滤波电路的截止频率 f_H 应小于高通滤波电路的截止频率 f_L。因此，电路的带阻为 $f_L - f_H$，如图 3-26b 所示。图 3-27 所示为有源带阻滤波电路。

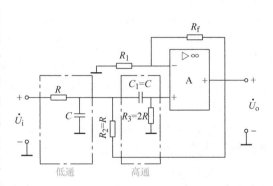

图 3-25 有源带通滤波电路

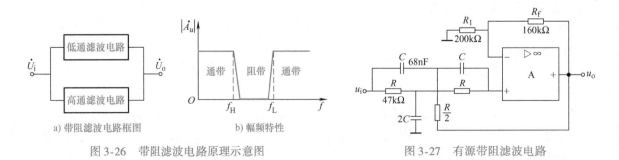

a) 带阻滤波电路框图   b) 幅频特性

图 3-26 带阻滤波电路原理示意图

图 3-27 有源带阻滤波电路

3.3 集成运放的非线性应用

集成运放的非线性应用电路种类较多，这里主要介绍电压比较器。电压比较器的功能是比较两个电压的大小，并根据比较的结果确定输出是高电平还是低电平，其输出电平常用于控制后续电路。因此，电压比较器被广泛应用于波形变换、自动控制等电路中。

有用集成运放构成的电压比较器，也有用专用芯片构成的电压比较器。由集成运放构成的电压比较器，通常集成运放工作在开环或正反馈状态。

常见的电压比较器有单限电压比较器和滞回电压比较器。

1. 单限电压比较器

单限电压比较器的基本电路如图3-28a所示。图中输入信号加在反相输入端，同相输入端的U_{REF}是参考电压。R为限流电阻，可避免由于u_i过大而损坏器件。

由于图中的理想集成运放工作在非线性区，因此有：

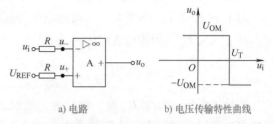

a) 电路　　　　b) 电压传输特性曲线

图3-28　单限电压比较器的基本电路及传输特性

输入电压$u_i > U_{REF}$，即$u_- > u_+$时，$u_o = -U_{OM}$，比较器输出低电平。

输入电压$u_i < U_{REF}$，即$u_- < u_+$时，$u_o = U_{OM}$，比较器输出高电平。

其电压传输特性曲线如图3-28b所示。电压传输特性曲线是表示电压比较器的输入、输出电压关系的曲线。

通常，输出状态发生跳变时的输入电压值被称作阈值电压或门限电压，用U_T表示，很明显$U_T = U_{REF}$。图3-28a所示电路只有一个门限电压，也被称为单门限电压比较器。电路中，输入信号被加在反相输入端，因而该电路又称为反相输入比较器；若输入信号加至同相输入端，电路被称为同相输入比较器，其传输特性与反相输入时相反。

如果将U_{REF}接地，则相当于输入信号与零进行电压比较，则电路称为过零比较器。其电路和电压传输特性曲线如图3-29a、b所示。图3-29c表明，过零比较器可用作波形变换器，将任意波形变换成矩形波。

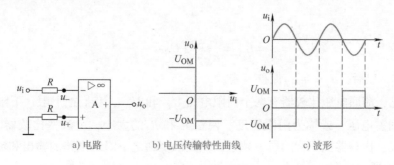

a) 电路　　　　b) 电压传输特性曲线　　　　c) 波形

图3-29　过零比较器

2. 滞回电压比较器

单限电压比较器电路比较简单，当输入电压在基准电压值附近有干扰时，将会引起输出电压的跳变，可能致使执行电路产生误动作，并且电路的灵敏度越高越容易产生这种现象。为了提高电路的抗干扰能力，常常采用滞回电压比较器。

滞回电压比较器又称为施密特触发器，其电路如图 3-30 所示。电路引入了正反馈，因此集成运放工作在非线性区。

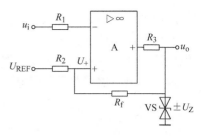

根据叠加定理，由图可知

$$U_+ = \frac{R_f}{R_2 + R_f} U_{REF} \pm \frac{R_2}{R_2 + R_f} U_Z \qquad (3-8)$$

当 $u_i = U_+$ 时，求出的 u_i 称为门限电压，用 U_T 表示。

图 3-30　滞回电压比较器电路

（1）输入信号由小变大　当输出电压为正的最大值时，即 $u_o = +U_Z$，同相输入端电压为

$$U_+ = \frac{R_f}{R_2 + R_f} U_{REF} + \frac{R_2}{R_2 + R_f} U_Z$$

当输入电压 u_i 低于 U_+ 时，输出为正的最大值，此时增大 u_i，直到 u_i 升高到 U_+ 时，比较器发生翻转，输出电压由正的最大值跳变为负的最大值。我们把输出电压由正的最大值跳变为负的最大值（$u_o = -U_Z$），所对应的门限电压称为上限门限电压，用 U_{T_+} 表示，其值为

$$U_{T_+} = u_i = U_+ = \frac{R_f}{R_2 + R_f} U_{REF} + \frac{R_2}{R_2 + R_f} U_Z$$

当 $u_i > U_{T_+}$ 以后，$u_o = -U_Z$ 保持不变。

（2）输入信号由大变小　当输出电压为负的最大值时，即 $u_o = -U_Z$，同相输入端电压为

$$U_+ = \frac{R_f}{R_2 + R_f} U_{REF} - \frac{R_2}{R_2 + R_f} U_Z$$

当输入电压 u_i 高于 U_+ 时，输出负的最大值，此时减小 u_i，直到 u_i 降低到 U_+ 时，比较器发生翻转，输出电压由负的最大值跳变为正的最大值。我们把输出电压由负的最大值跳变为正的最大值（$u_o = +U_Z$），所对应的门限电压称为下限门限电压，用 U_{T_-} 表示，其值为

$$U_{T_-} = u_i = U_+ = \frac{R_f}{R_2 + R_f} U_{REF} - \frac{R_2}{R_2 + R_f} U_Z$$

当 $u_i < U_{T_-}$ 以后，$u_o = +U_Z$ 保持不变。

由此可见，滞回电压比较器有两个门限电压 U_{T_+} 和 U_{T_-}，我们把上限、下限门限电压之差 ΔU_T 称为回差电压，或称为门限宽度。调整 R_f 和 R_2 的大小，可改变比较器的门限宽度。门限宽度越大，比较器抗干扰的能力越强，但灵敏度随之下降。电路的输出和输入电压变化关系如图 3-31 所示。

从图中可知，传输特性曲线具有滞后回环特性，滞回电压比较器因此而得名。

通过上述讨论可知，改变门限宽度，可以在保证一定的灵敏度下提高抗干扰能力，只要噪声和干扰的大小在门限宽度以内，输出电平就不会出现失真。例如，在滞回比较器的反相输入端加入图 3-32 所示不规则的输入信号 u_i，则可在输出端得到矩形波 u_o。应用这一特点，滞回电压比较器不仅可以提高抗干扰能力而且还可以将不理想的输入波形整形成理想的矩形波。

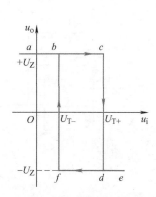

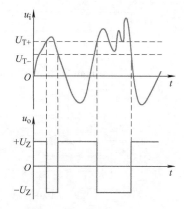

图 3-31 滞回电压比较器的电压传输特性　　　　图 3-32 滞回电压比较器抗干扰作用及波形整形

3.4 集成运放在实际应用中的注意事项

在实际应用中，除了要根据用途和要求正确选择集成运放的型号外，还必须注意以下几个方面的问题。

1. 集成运放的调零

实际集成运放的失调电压、失调电流都不为零，因此，当输入信号为零时，输出信号不为零。有些集成运放没有调零端子，需接上调零电位器进行调零，使得由集成运放组成的线性电路输入信号为零时，输出也为零，而对失调电压和失调电流进行补偿。辅助调零电路如图 3-33 所示。

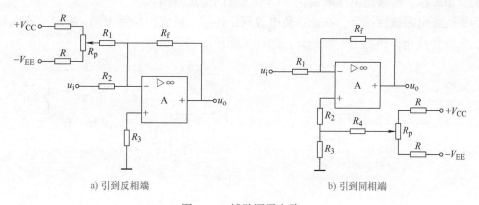

a) 引到反相端　　　　　　　　　　　　　　b) 引到同相端

图 3-33 辅助调零电路

2. 消除自激振荡

集成运放内部是一个多级放大电路，而集成运算放大电路又引入了深度负反馈，在工作时容易产生自激振荡。大多数集成运放在内部都设置了消除自激振荡的补偿网络，有些集成运放引出了消振端子，用外接 RC 消除自激振荡现象。实际使用时可按图 3-34 所示电路，在电源端、反馈支路及输入端连接电容或阻容支路来消除自激振荡。

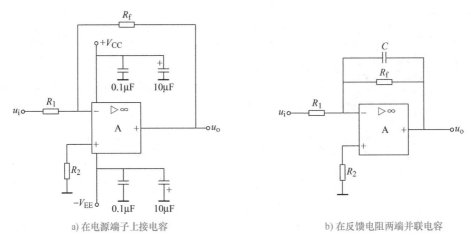

a) 在电源端子上接电容   b) 在反馈电阻两端并联电容

图 3-34   消除自激振荡电路

3. 保护措施

集成运放在使用时由于输入、输出电压过大，输出短路及电源极性接反等原因会造成集成运放损坏，因此需要采取保护措施。

为防止输入的差模或共模电压过高而损坏集成运放的输入级，可在集成运放的输入端并接极性相反的两只二极管，从而使输入电压的幅度限制在二极管的正向导通电压之内，如图 3-35a 所示。

为了防止输出级被击穿，可采用图 3-35b 所示保护电路。输出正常时双向稳压管未被击穿，相当于开路，对电路没有影响。当输出电压大于双向稳压管的稳压值时，稳压管被击穿，负反馈加深，将输出电压限制在双向稳压管的稳压范围内。

为了防止电源极性接反，在正、负电源回路连接二极管，如图 3-35c 所示。若电源极性接反，二极管截止，相当于电源断开，起到了保护作用。

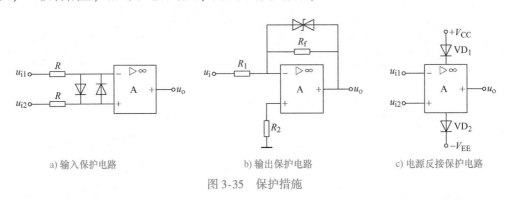

a) 输入保护电路   b) 输出保护电路   c) 电源反接保护电路

图 3-35   保护措施

【专项技能训练】

制作甲烷气体探测器

结合本项目所学的知识，完成甲烷气体探测器的制作。

一、制作前的准备

1. 分析甲烷气体探测器的工作过程

由 LM311（电压比较器）构成的甲烷气体探测器电路图如图 3-36 所示。

电路的核心元器件是比较器 LM311。它可以比较两个电压的大小。当传感器检测到甲烷气体时，A 点与 B 点之间的电阻减小。R_2 与传感单元形成一个分压器，为 LM311 的"＋"引脚提供电压。电位器为电压比较器的负极"－"输入端提供阈值电压。如果在比较器"＋"

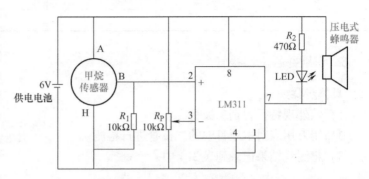

图 3-36　甲烷气体探测器电路图

引脚上的电压高于它"－"引脚上的电压，那么它的输出电压就会变为高电平，此时，LED 灯被点亮并且蜂鸣器发声报警（如果在传感器上深呼吸，会使甲烷警报关闭）。

2. 制作工具和材料

1）制作工具：常用电子组装工具、万用表和双踪示波器。
2）元器件及材料清单见表 3-2。

表 3-2　元器件及材料清单

元器件符号	元器件名称	规　　格	数　　量
R_P	滑动电阻	10kΩ	1
R_1	电阻	10kΩ	1
R_2	电阻	470Ω	1
IC	电压比较器	LM311	1
HA	压电式蜂鸣器（具有自己的振荡器）		1
LED	发光二极管		1
	甲烷传感器	MQ－4	1
	干电池	1.5V	4
	电池盒	2P	1
	实心跨接线		若干
	无焊面包板		每人一块

二、识别并检测电路中的元器件

1. 识别并检测电阻

具体步骤如下：

1）从外观上识别电阻，观察电阻有无引脚折断、脱落、松动和损坏情况。

2）用万用表测量电阻的阻值，并与标称值比较，完成表3-3。

表3-3 识别并检测电阻

电阻编号	识别电阻的标志		实测电阻	判断好坏
	色环	标称阻值		
R_1				
R_2				

2. 识别并检测二极管

具体步骤如下：

1）从外观特征识别二极管。

2）用万用表对本项目中的二极管进行检测。

3）将测量结果记录到表3-4中。

表3-4 识别并检测二极管

编号	型号	管型判断	管子好坏	说明功能
LED				

3. 识别甲烷传感器

MQ-4甲烷传感器如图3-37所示。在甲烷传感器内，有一个小的加热器（在两个H连接点之间），还有一个催化传感元器件。

该传感器所使用的气敏材料是清洁空气中电导率较低的二氧化锡（SnO_2）。当传感器所处环境中存在可燃气体时，传感器的电导率随空气中可燃气体浓度的增加而增大。使用简单的电路即可将电导率的变化转换为与该气体浓度相对应的输出信号。MQ-4甲烷传感器对甲烷灵敏度高，对酒精及其他一些干扰性气体有较强的抗干扰能力，广泛适用于家庭用气体泄漏报警器、工业用可燃气体报警器以及便携式气体检测器。

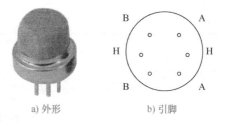

a) 外形　　b) 引脚

图3-37　MQ-4甲烷传感器

三、制作甲烷气体探测器

1. 元器件的布局与搭接

1）按照电路的原理图和元器件的外形尺寸、封装形式，将元器件在面包板（或万能实验板）上均匀布局。

2）安装时注意发光二极管的正负极，同时也要注意集成器件的方向是否正确。

2. 焊接制作

甲烷传感器的引脚较粗并且位置特殊，因此无法直接放在面包板上，需要在引脚上焊接一些导线，如图3-38所示。

1）焊接一根红色导线，将传感器一边所有的引脚（两个A引脚和一个H引脚）连接起来。

2）电阻焊接到一个B引脚和H引脚。

3）黑色导线焊接到H引脚。

4）输出导线焊接到另一个B引脚（黄色导线）。

5）焊接时应保证焊点无虚焊、漏焊等；检查有没有其他影响安全指标的缺陷等。

焊接完毕后，将传感器搭接在面包板上，方可通电。

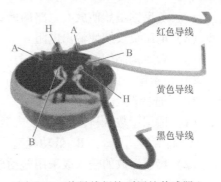

图3-38　将导线焊接到甲烷传感器上

【技能考核】

项目考核表见表3-5。

表3-5　项目考核表

学生姓名	教师姓名	名　称	
		制作甲烷气体探测器	
技能训练考核内容		考核标准	得分
仪器使用规范（10分）		能正确使用万用表、双踪示波器，使用错误一次扣2～5分	
电路中的元器件识别与检测（20分）		能够正确识别并检测各种元器件，识别错误、检测错误一次扣2分	
电路的装配制作（40分）		按顺序正确装配元器件，顺序不对、工具使用不当一次扣2分，损坏元器件每个扣2分	
通电调试（20分）		通电后成功运行及调试，失败一次扣10分	
报告（10分）		字迹清晰、内容完整、结论正确，一处不合格扣2～5分	
完成日期	年　　月　　日	总分	

【思考与练习】

3-1　填空题

（1）为了稳定静态工作点，应引入_____反馈；为稳定增益，应引入_____反馈。

（2）对于串联负反馈放大电路，为使反馈作用强，应使信号源内阻_____。

（3）要得到一个由电流控制的电流源应选用_____反馈。

（4）要使放大电路向信号源索取电流小，同时带负载能力强，应引入_____反馈。

（5）对于理想集成运算放大器的"虚短"和"虚断"的概念，就是流进运放的电流_____，两个输入端的电压_____，为保证集成运放工作在线性状态，必须引入_____反馈。

（6）电压比较器中的集成运放通常工作在_____区，电路工作在_____状态或引入_____反馈。

（7）负反馈虽然使放大电路的增益_____，但可_____增益的稳定性。

（8）电压负反馈使输出电阻_____，电流负反馈使输出电阻_____。

（9）希望抑制 1kHz 以下的信号，应采用_____滤波电路。

（10）希望抑制 50Hz 交流电源的干扰应采用_____滤波电路。

3-2　选择题

（1）适用于数–模转换器的集成运放是（　　）。

A. 高阻型　　　　　B. 低功耗型　　　　　C. 高速型　　　　　D. 通用型

（2）集成运放的输入级采用差动放大电路是因为可以（　　）。

A. 减小温漂　　　B. 增大放大倍数　　C. 提高输入电阻　　D. 减小输入电阻

（3）对于放大电路，所谓开环是指（　　）。

A. 无信号源　　　B. 无反馈通路　　　C. 无电源　　　　D. 无负载

（4）对于放大电路，所谓闭环是指（　　）。

A. 考虑信号源内阻　　　　　　　B. 存在反馈通路

C. 接入电源　　　　　　　　　　D. 接入负载

（5）在输入量不变的情况下，若引入反馈后，（　　），则说明是负反馈。

A. 输入电阻增大　　　　　　　　B. 输出量增大

C. 净输入量增大　　　　　　　　D. 净输入量减小

（6）为了稳定放大电路的输出电压，应引入（　　）负反馈。

A. 电压　　　　　B. 电流　　　　　　C. 串联　　　　　D. 并联

（7）为了稳定放大电路的输出电流，应引入（　　）负反馈。

A. 电压　　　　　B. 电流　　　　　　C. 串联　　　　　D. 并联

（8）为了增大放大电路的输入电阻，应引入（　　）负反馈。

A. 电压　　　　　B. 电流　　　　　　C. 串联　　　　　D. 并联

（9）为了减小放大电路的输入电阻，应引入（　　）负反馈。

A. 电压　　　　　B. 电流　　　　　　C. 串联　　　　　D. 并联

（10）为了增大放大电路的输出电阻，应引入（　　）负反馈。

A. 电压　　　　　B. 电流　　　　　　C. 串联　　　　　D. 并联

（11）为了减小放大电路的输出电阻，应引入（　　）负反馈。

A. 电压　　　　　B. 电流　　　　　　C. 串联　　　　　D. 并联

（12）集成运算放大器工作在线性区的条件是（　　）。

A. 输入信号过大　　　　　　　　B. 开环或引入正反馈

C. 引入深度负反馈　　　　　　　D. 无负载

（13）集成运算放大器工作在非线性区的条件是（　　）。

A. 输入信号过大　　　　　　　　B. 开环或引入正反馈

C. 引入深度负反馈　　　　　　　D. 无负载

（14）反相比例运算电路中，若 $u_+ = u_- = 0$，此时反相输入端称为（　　）点。

A. 短路　　　　　B. 断路　　　　　　C. 静态工作　　　　D. 虚地

（15）负反馈对放大器性能的影响不包含（　　）。

A. 提高放大倍数的稳定性　　　　B. 减小非线性失真

C. 缩小通频带　　　　　　　　　　　　D. 改变输入电阻和输出电阻

3-3　简答题

（1）理想运放的条件是什么？"虚短"和"虚断"的含义是什么？

（2）反馈有哪些形式？

（3）简述负反馈放大器的类型。

（4）简述负反馈对放大器性能的影响。

3-4　判断图3-39所示各电路中是否引入了反馈，是直流反馈还是交流反馈，是正反馈还是负反馈，是何种类型的反馈（若是两级放大电路只需判断级间反馈）。设图中所有电容对交流信号均可视为短路。

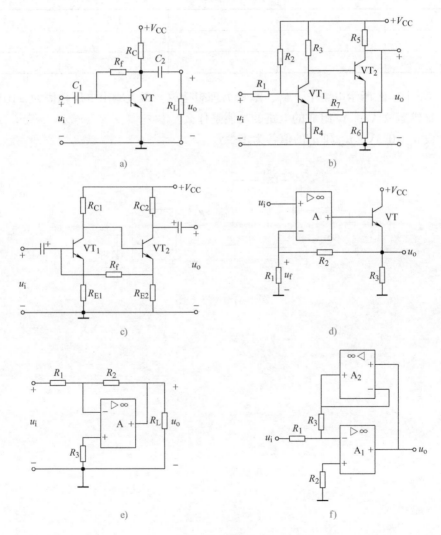

图 3-39　题 3-4 图

3-5　电路如图3-40所示，图中集成运放输出电压的最大幅值为 ±12V，试将计算结果填入表3-6中。

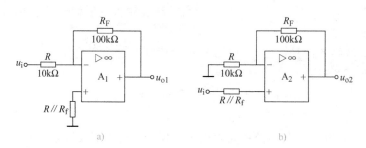

图 3-40　题 3-5 图

表　3-6

u_i/V	0.2	-0.5	1.0	-1.5
u_{o1}/V				
u_{o2}/V				

3-6　如图 3-41 所示电路中，A_1、A_2 均为理想运放，最大输出电压幅值为 $\pm 10V$。

（1）集成运放 A_1、A_2 组成的电路的功能是什么？

（2）设 $u_i = 0.5V$，u_{o1} 和 u_o 的值各为多少？

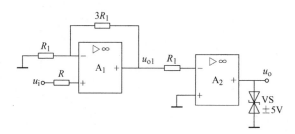

图 3-41　题 3-6 图

项目4 低频功率放大电路的认识及应用

不论单级放大电路还是多级放大电路，通常只要能将输入小信号尽可能不失真地放大成幅度较大的输出信号，这个放大电路就算完成了工作，然而实际中往往要求多级放大电路的末级（又称输出级）能提供足够大的输出功率去推动负载工作，例如驱动仪表，使指针偏转；驱动扬声器，使之发声；或驱动自动控制系统中的执行机构等。能向负载提供足够信号功率的放大电路称为功率放大电路，简称功放。因此，多级放大电路的末级多采用功率放大电路。

演播大厅和家庭影院中的功放机就是功率放大电路在实际中的典型应用。图4-1所示电路是以集成功放 TDA2030 为中心组成的音频功率放大器，电路中输入电压 u_i 来自于前一级放大器的输出信号，经过功率放大后，产生的输出信号驱动扬声器 B 发声。它具有体积小、频率响应范围宽、功率大、焊点少、失真小、外围元器件少、装配简单、保真度高等特点，很适合无线电

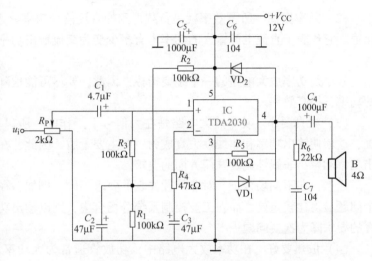

图 4-1 音频功率放大电路

爱好者和音响发烧友自制，适用于各种音响接续器、音响功率放大场合。

知识目标：

1. 了解功率放大电路的基本组成、特点及工作要求。
2. 掌握 OCL 和 OTL 等常见功率放大电路的组成及特点，并能进行主要技术指标的估算。
3. 了解集成功率放大器的工作原理及应用。

技能目标：

1. 会用仪器、仪表对电路中元器件的性能指标进行测量。
2. 会调试功率放大电路的各项参数。

任务1 了解功率放大电路的特点及分类

任务要求：

1. 了解功率放大电路的主要性能。
2. 了解功率放大电路的分类方法。

1.1 功率放大电路的特点

功率放大电路实际上也是一种能量转换器，它在输入交流信号的驱动下，将直流电源的能量最大限度地转换为电压、电流波形与输入信号相同的交流信号。

放大电路的主要任务是使负载得到不失真的电压信号，它的主要指标是电压放大倍数，而功率放大电路的任务是在电源电压确定的情况下，不失真（或失真较小）地得到尽可能大的输出功率。因此，在功率放大电路的研究中特别需要关注以下问题。

（1）输出功率要足够大　为了获得大的功率输出，功率放大电路输出电压和电流的幅度都应该较大，功放器件往往工作在接近极限状态。

$$P_o = U_o I_o$$

（2）效率要高　所谓效率就是负载得到的有用信号功率 P_o 和电源供给的直流功率 P_V 的比值。它代表了直流电源输入的功率中有多少变为交流输出功率的能力，即

$$\eta = P_o / P_V$$

效率是功率放大电路的一个主要指标，因此，要尽可能地降低消耗在功放器件和电路上的功率，提高效率。

（3）失真要小　功率放大电路是在大信号下工作的，所以不可避免地会产生非线性失真，这就使输出功率和非线性失真成为一对主要矛盾。因此，在使用中必须兼顾提高交流输出功率和减小非线性失真这两方面的要求。

当然，在不同场合下，对非线性失真的要求不同，例如，在测量系统和电声设备中，这个问题显得比较重要，而在工业控制系统等场合中，则以输出功率为主要目的，对非线性失真的要求降为次要问题。

（4）散热要好　在功率放大电路中，功放管通常为大功率晶体管，有相当大的功率消耗在功放管的集电结上，会使结温和管壳温度升高。为了充分利用允许的功耗而使功放管输出足够大的功率，因此在使用时就必须安装合适的散热片。

此外还要采取各种保护措施，防止在承受高电压和大电流的情况下损坏功放管。

1.2 功率放大电路的分类

在电源电压确定后，输出尽可能大的功率和提高转换效率始终是功率放大电路要研究的主要问题。因而围绕这两个性能指标的改善，可组成不同电路形式的功放。

功率放大电路的种类繁多，且有不同的分类方法，常见功率放大电路的类型如下：

1. 按照输出级晶体管集电极电流的导通情况分类

在加入交流输入信号后，按照输出级晶体管集电极电流的导通情况，功率放大电路可分为甲类、乙类、甲乙类和丙类等类型，这里主要介绍前三种。

甲类（Class A）：在交流信号的一个周期内，功放管的静态工作点 Q 在放大区的中间，管子在信号的整个周期内都处于导通状态，如图 4-2a 所示。该电路的优点是输出信号非线性失真小。缺点是：直流电源在静态时的功耗较大、效率较低和耗电多，在理想情况下，最高效率只能达到 50%。

乙类（Class B）：在交流信号的一个周期内，功放管只在半个周内导通，如图 4-2b 所

示。该电路的优点是直流电源的静态功耗为零、效率较高和耗电少，在理想情况下，最高效率可达到 78.5%。缺点是：输出信号中会产生交越失真。

甲乙类（Class AB）：在交流信号的一个周期内，功放管导通的时间略大于半个周期，如图4-2c所示。功放管的静态电流大于零，但非常小。这类功放保留了乙类的特点，且克服了交越失真现象，是最常用的功率放大电路类型。

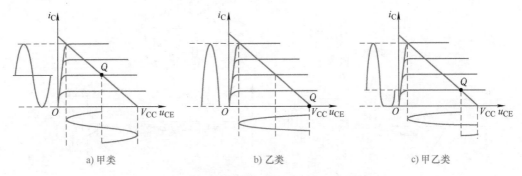

a) 甲类　　　　　　　　b) 乙类　　　　　　　　c) 甲乙类

图4-2　晶体管的三种工作状态图解分析

2. 按输出级耦合方式分类

按输出级耦合方式的不同，功率放大电路一般可分为变压器耦合功率放大电路、无输出变压器（OTL）功率放大电路、无输出耦合电容（OCL）功率放大电路及桥式（BTL）功率放大电路等几种类型。变压器耦合功率放大电路效率低、失真大，在高保真功率放大器中已极少使用。目前使用最广的是 OTL 功率放大电路和 OCL 功率放大电路。

3. 按所用的有源器件分类

按所用有源器件的不同，功率放大电路又可分为晶体管功率放大电路、场效应晶体管功率放大电路、集成功率放大电路及电子管功率放大电路。目前，前三种功率放大电路应用广泛。

任务2　认识常用的功率放大电路

任务要求：

1. 了解乙类和甲乙类功率放大电路的组成。
2. 掌握乙类和甲乙类功率放大电路的工作原理。
3. 掌握计算最大输出功率和效率的方法。

项目3中介绍的小信号放大电路都偏置在甲类状态，甲类功率放大电路的效率低，为了提高效率，减小失真，常使用乙类或甲乙类功率放大电路。

2.1　双电源乙类互补对称功率放大电路

1. 电路组成

图4-3为双电源乙类互补功率放大电路。这类电路中由于功放管与负载之间无输出耦合

电容，所以该电路也称无输出耦合电容的功率放大电路，简称 OCL 电路。它由一对特性及参数完全对称、类型互补（NPN 和 PNP）的两个晶体管组成射极输出器电路。输入信号接于两管的基极，负载 R_L 直接接于两管的发射极，由正、负等值的双电源供电。

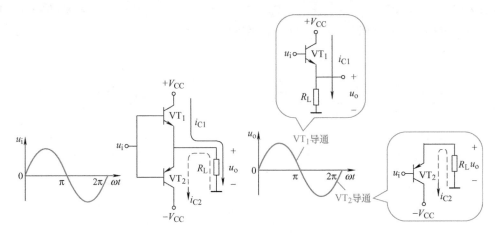

图 4-3　双电源乙类互补对称功率放大电路

2. 电路工作原理

当输入信号 $u_i = 0$ 时，VT_1、VT_2 两晶体管都不通，电路处于静态，电源不消耗功率。

当输入信号 u_i 为正弦波的正半周期时，$u_i > 0$，则 VT_1 管发射结正偏导通，有电流流过负载，VT_2 管因发射结反偏而截止，输出电压 u_o 为正半周。

当输入信号 u_i 为正弦波的负半周期时，$u_i < 0$，则 VT_2 管发射结正偏导通，VT_1 管因发射结反偏而截止，输出电压 u_o 为负半周。

最终在负载上得到的是一个完整的不失真的波形。电路中因为 VT_1、VT_2 两管分别在信号的正半周和负半周内交替导通，所以该电路工作在乙类放大状态，故称之为乙类互补对称电路。

3. 功率和效率的估算

功率放大电路重要的技术指标是电路的最大输出功率 P_{om} 及效率 η。为了求解 P_{om}，需首先求出负载上能够得到的最大输出电压幅值。当输入电压足够大，且又不产生饱和失真时，电路的图解分析如图 4-4 所示。

只要 $u_i > 0$（忽略 U_{BE}），VT_1 就开始导电，则在一周期内 VT_1 的导电时间约为半周期。随着 u_i 的增大，工作点沿着负载线上移，则 $i_o = i_{C1}$ 增大，u_o 也增大，当工作点上移到途中 A 点时，$u_{CE1} = U_{CES}$，已到输出特性的饱和区，此时输出电压达到最大不失真幅值 U_{om}。

VT_2 的工作情况和 VT_1 相似，只是在信号的负半周导电。

（1）最大输出功率 P_{om}　功率放大电路在 u_i 从零逐渐增大时，输出电压 u_o 随之增大，管压降逐渐减小，当管压降下降到饱和管压降时，输出电压达到最大幅值，根据图解分析，可得最大不失真输出电压的有效值为

$$U_{om} = V_{CC} - U_{CES} \tag{4-1}$$

最大输出功率为

$$P_{\text{om}} = \frac{U_{\text{om}}^2}{2R_{\text{L}}} = \frac{(V_{\text{CC}} - U_{\text{CES}})^2}{2R_{\text{L}}} \quad (4\text{-}2)$$

若忽略饱和管压降 U_{CES} 影响（令 $U_{\text{CES}} = 0$），负载 R_{L} 上最大输出幅度 $U_{\text{om}} = V_{\text{CC}}$，则在理想条件下最大输出功率为

$$P_{\text{om}} = \frac{1}{2R_{\text{L}}}(V_{\text{CC}} - U_{\text{CES}})^2 \approx \frac{V_{\text{CC}}^2}{2R_{\text{L}}}$$

$$(4\text{-}3)$$

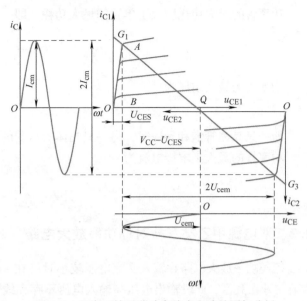

（2）直流电源提供的功率 P_{V} 两个电源提供的总功率为

$$P_{\text{V}} = \frac{2V_{\text{CC}}}{\pi R_{\text{L}}}(V_{\text{CC}} - U_{\text{CES}}) \quad (4\text{-}4)$$

忽略饱和管压降 U_{CES}，电源提供的最大功率为

图 4-4 乙类互补对称功率放大电路的图解分析

$$P_{\text{V}} \approx \frac{2V_{\text{CC}}^2}{\pi R_{\text{L}}} \tag{4-5}$$

（3）效率 η 输出功率与电源提供的功率之比称为功率放大电路的效率。一般情况下效率为

$$\eta = \frac{P_{\text{o}}}{P_{\text{V}}} \tag{4-6}$$

最大输出效率为

$$\eta_{\text{m}} = \frac{P_{\text{om}}}{P_{\text{V}}} = \frac{\pi}{4} \times \frac{V_{\text{CC}} - U_{\text{CES}}}{V_{\text{CC}}}$$

理想情况下，忽略 U_{CES}，则得到电路的最大效率为

$$\eta_{\text{m}} \approx 78.5\% \tag{4-7}$$

（4）管耗 P_{T} 电源输入的直流功率，有一部分通过晶体管转换为输出功率，剩余的部分则消耗在晶体管上形成管耗。

直流电源提供的功率与输出功率之差就是消耗在晶体管上的总功率，即

$$P_{\text{T}} = P_{\text{V}} - P_{\text{om}} = \frac{2V_{\text{CC}}U_{\text{om}}}{\pi R_{\text{L}}} - \frac{U_{\text{om}}^2}{2R_{\text{L}}} \tag{4-8}$$

对 U_{om} 求导可知，当 $U_{\text{om}} = 2V_{\text{CC}}/\pi$ 时，晶体管总管耗最大值为

$$P_{\text{T}} = P_{\text{Tm}} = \frac{2V_{\text{CC}}^2}{\pi^2 R_{\text{L}}} = \frac{4}{\pi^2}P_{\text{om}} \approx 0.4P_{\text{om}} \tag{4-9}$$

每个管子的最大功耗为

$$P_{\text{T1m}} = P_{\text{T2m}} = \frac{1}{2}P_{\text{Tm}} \approx 0.2P_{\text{om}} \tag{4-10}$$

（5）功率管的选择 功率管的极限参数有 I_{CM}、P_{CM} 和 $U_{\text{(BR)CEO}}$，若想得到最大输出功率，功率管的参数应满足下列条件：

功率管的最大功耗应大于单管的最大功耗，即

$$P_{CM} > \frac{1}{2}P_{Tm} \approx 0.2P_{om} \tag{4-11}$$

功率管的最大耐压为

$$|U_{(BR)CEO}| > 2V_{CC} \tag{4-12}$$

即一只晶体管饱和导通时，另一只晶体管承受的最大反向电压约 $2V_{CC}$。

功率管的最大集电极电流为

$$I_{CM} > \frac{V_{CC}}{R_L} \tag{4-13}$$

2.2 双电源甲乙类互补对称功率放大电路

乙类功率放大电路在输入交流电压较小时（在 $-0.5\sim0.5V$ 内），两个晶体管都不导通，存在一小段死区，此段输出电压与输入电压不存在线性关系，波形产生了失真，如图 4-5 所示。由于这种失真出现在通过零值处，故称为交越失真(Cross Over Distortion)。

输入信号电压幅度越小，交越失真就越严重。为了减小交越失真，改善输出波形，通常设法使晶体管在静态时有一个较小的基极电流，使其处于微导通状态，从而构成了甲乙类功率放大电路。其典型电路如图 4-6 所示。图中的 R_1、R_2、VD_1、VD_2 用来作为 VT_1、VT_2 的偏置电路，适当选择 R_1、R_2 的阻值，可使 VD_1、VD_2 连接点的静态电位为 0，VT_1、VT_2 的发射极电位也为 0，这样 VD_1 上的导通电压为 VT_1 提供发射结正偏电压，VD_2 上的导通电压为 VT_2 提供发射结正偏电压，使功放管静态时微导通，保证了功放管对小于死区电压的小信号也能正常放大，从而减小了交越失真。

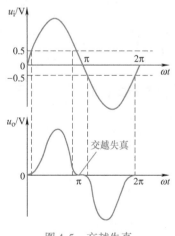

图 4-5 交越失真

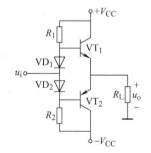

图 4-6 双电源甲乙类互补对称功率放大电路

此时每管的导通时间略大于半个周期，而小于一个周期，此时电路不再工作在乙类放大状态，而是工作在甲乙类放大状态。

对于甲乙类功率放大电路的功率计算，仍然可以使用乙类功率放大电路的一系列计算公式，这样做过程比较简明，带来的误差也不是很大。

【**例4-1**】 如图4-6所示电路中，已知 $V_{CC} = 16V$，$R_L = 4\Omega$，VT_1 和 VT_2 管的饱和管压降 $|U_{CES}| = 2V$，输入电压足够大。试问：

(1) 最大输出功率 P_{om} 和效率 η_m 各为多少？

(2) 晶体管的最大功耗 P_{Tm} 为多少？

(3) 为使输出功率达到 P_{om}，输入电压的有效值约为多少？

解：(1) 最大输出功率和效率分别为

$$P_{om} = \frac{(V_{CC} - |U_{CES}|)^2}{2R_L} = \frac{(16-2)^2}{2 \times 4}W = 24.5W$$

$$\eta_m = \frac{\pi}{4} \cdot \frac{V_{CC} - |U_{CES}|}{V_{CC}} = \frac{\pi}{4} \cdot \frac{16-2}{16} \times 100\% \approx 68.7\%$$

(2) 晶体管的最大功耗为

$$P_{Tm} \approx 0.2P_{om} = 0.2 \times 24.5W = 4.9W$$

(3) 输出功率为 P_{om} 时的输入电压有效值为

$$U_i \approx U_o \approx \frac{V_{CC} - |U_{CES}|}{\sqrt{2}} = \frac{16-2}{\sqrt{2}}V \approx 9.9V$$

2.3 单电源乙类互补对称功率放大电路

1. 电路组成

双电源乙类互补对称功率放大电路具有线路简单、低频响应好、输出功率大、便于集成等特点，但是它采用双电源供电，给使用和维修带来不便。为了克服这一缺点，可采用单电源供电的互补对称电路，只需在两管发射极与负载之间接入一个大容量电容 C 即可。这种电路通常又称无输出变压器功率放大电路，简称 OTL 电路，图4-7所示为单电源乙类互补对称功率放大电路。

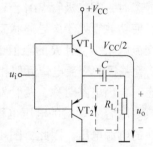

2. 工作原理

静态时，前级电路应使基极电位为 $V_{CC}/2$，由

图4-7 单电源乙类互补对称功率放大电路

于 VT_1 和 VT_2 特性对称，发射极电位也为 $V_{CC}/2$。故电容上的电压也为 $V_{CC}/2$，极性如图4-7所标注。设电容容量足够大，对交流信号可视为短路；晶体管 B、E 间的开启电压可忽略不计；输入信号为正弦波。当 u_i 为正半周，即 $u_i > 0$ 时，VT_1 管导通，VT_2 管截止，同时对电容 C 充电，电流如图4-7实线所示，由 VT_1 和 R_L 组成的电路为射极输出形式，$u_o \approx u_i$；当 u_i 为负半周，即 $u_i < 0$ 时，VT_2 管导通，VT_1 管截止，已充电的电容 C 代替负电源向 VT_2 供电，电流如图4-7中虚线所示，由 VT_2 和 R_L 组成的电路也为射极输出形式，$u_o \approx u_i$。故电路输出电压跟随输入电压，只要电容 C 的容量足够大，使其充、放电时间常数远大于信号周期，就可认为在信号变化过程中，电容两端电压基本保持不变。这样，负载 R_L 上就可得到一个完整的信号波形。

3. 参数计算

（1）最大输出功率　晶体管集电极电压的最大值为

$$U_{om} = \frac{V_{CC}}{2} - U_{CES}$$

则 OTL 电路的最大输出功率为

$$P_{om} = \frac{U_{om}^2}{2R_L} = \frac{\left(\dfrac{V_{CC}}{2} - U_{CES}\right)^2}{2R_L}$$

忽略 U_{CES}，则

$$P_{om} = \frac{V_{CC}^2}{8R_L}$$

（2）最大效率　　　　　　$\eta_m \approx \dfrac{\pi}{4} = 78.5\%$

（3）每个功率管的管耗　　$P_{Tm} \approx 0.2P_{om}$

与 OCL 电路相比，OTL 电路少用了一个电源，但由于输出端的耦合电容容量大，且电容内铝箔卷绕圈数多，呈现的电感效应大，它对不同频率的信号会产生不同的相移，输出信号有附加失真，这是 OTL 电路的缺点。

2.4　单电源甲乙类互补对称功率放大电路

图 4-8a 所示为一工作于甲乙类放大状态的 OTL 电路。VT_1 和 VT_2 组成互补对称功率放大电路。静态时，在二极管 VD_1、VD_2 和 R 上产生的压降为 VT_1 和 VT_2 管提供了一个适当的偏置电压，使功放管处于微导通状态，能够消除交越失真。当有交流信号输入时，由于二极管呈现的交流电阻小，且 R 的阻值也较小，可以忽略不计，因此可以认为 VT_1 管基极的交流电位和 VT_2 管基极的交流电位近似相等，功率放大级的两只管子的输入信号完全相同。

静态时，因电路对称，两管发射极（中点）电位为电源电压的一半，即 $V_{CC}/2$，负载中没有电流。电容 C 两端的电压也稳定在 $V_{CC}/2$，这样两管的集电极-发射极之间如同分别加上 $V_{CC}/2$ 的电源电压。因此，图 4-8a 所示的单电源甲乙类功放等效为图 4-8b 所示的电源为 $\pm V_{CC}/2$ 的双电源甲乙类功放。

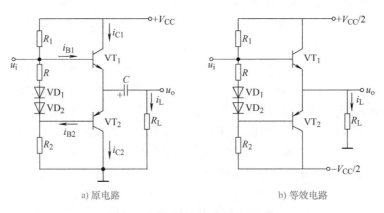

a）原电路　　　　　　　　　　　　b）等效电路

图 4-8　OTL 甲乙类功率放大电路

当有交流信号输入时，VT_1 和 VT_2 两管轮流导通。在信号的正半周，VT_1 管导通，VT_2 截止，电源对电容充电，有电流流过负载，其方向自上而下；在负半周时，VT_1 截止，VT_2 导通，电容通过 VT_2 管和负载放电，流过负载的电流方向是自下而上，这样，负载上便得到了一个完整周期的信号电流。i_{C1} 和 i_{C2} 波形如图 4-9 所示，可见两管轮流导通的交替过程比较平滑，从而减小了交越失真。

为了使输出电压的正、负半周幅度对称，电容要选的足够大，这样，使电容的充、放电时间常数远远大于信号的工作周期。

单电源供电的甲乙类互补对称功率放大电路的输出功率、效率等的计算公式可利用双电源供电的甲乙类功放的计算公式，只需将电源电压 V_{CC} 替换为 $V_{CC}/2$ 即可。

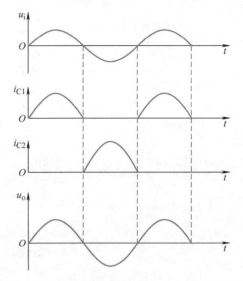

图 4-9   OTL 甲乙类互补对称电路各输出量波形

采用甲乙类互补对称电路既能减小交越失真，改善输出波形，同时又能获得较高的效率，所以在实际工作中得到了广泛的应用。

2.5   采用复合管的甲乙类功率放大电路

在功率放大电路中，如果负载电阻较小，并要求得到较大的功率，则电路必须为负载提供很大的电流。而前级一般是电压放大，很难输出大的电流，因此需设法进行电流放大。通常在输出级电路中采用复合管来提高 β 值。

除此之外，互补对称功率放大电路要求一对功率输出管（NPN 型管和 PNP 型管）的性能对称，但实际情况中要实现比较困难，为此常采用复合管的接法来实现互补，以解决大功率晶体管互补配对困难的问题。

1. 复合管

把两只或两只以上的晶体管通过一定的方式连接形成一个等效晶体管，即称为复合管，复合管又称达林顿（Darlington）管。

复合管构成的原则如下：

1）在串接点，必须保证电流的连续性（方向一致）。

2）在并接点，必须保证总电流为两个管子电流的代数和。

复合管的连接形式共有四种，如图 4-10 所示，其特点如下：

1）复合管的极性取决于推动级，即 VT_1 为 NPN 型，则复合管就为 NPN 型。

2）输出功率的大小取决于输出管 VT_2。

3）若 VT_1 和 VT_2 管的电流放大系数为 β_1 和 β_2，则复合管的电流放大系数 $\beta \approx \beta_1 \beta_2$。

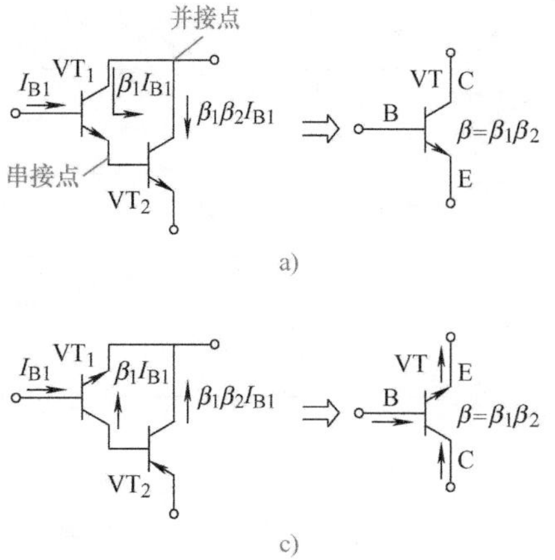

图 4-10　复合管的接法

2. 复合管组成的单电源甲乙类功率放大电路

图 4-11 所示电路是采用复合管的单电源甲乙类功率放大电路。图中，VT_5 管组成射极输出器，作为前一级电路与功率输出级之间的缓冲级。VT_1、VT_3 组成 NPN 型复合管，VT_2、VT_4 组成 PNP 型复合管，二极管型 VD_1、VD_2 提供输出级晶体管所需的直流偏置。

VT_1、VT_3 组成的复合管的等效 β 值约为 $\beta_1\beta_3$，VT_2、VT_4 组成的复合管，等效 β 值约为 $\beta_2\beta_4$，电路的输出管 VT_3、VT_4 是同一类型管，而互补作用是由 VT_1、VT_2 来实现的。PNP 型复合管和 NPN 型复合管的等效 β 值近似相等，从而实现 PNP 型管和 NPN 型的互补对称。

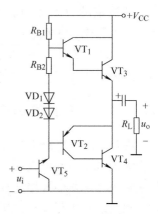

图 4-11　采用复合管的单电源
甲乙类功率放大电路

2.6　桥式（BTL）功率放大电路

OCL 和 OTL 功率放大电路的效率很高，但是它们的缺点是电源的利用率不高，其主要原因是在输入正弦信号时，在每半个信号周期中，电路只有一个晶体管和一个电源在工作。

为了提高电源的利用率，也就是在较低电源电压的作用下，使负载获得较大的输出功率，一般采用图 4-12 所示的桥式功率放大电路，简称 BTL 电路。该电路使用单电源供电，没有用大电容，整个电路包含四只特性对称的晶体管。

静态时，由于晶体管是对称的，所以负载电阻两边的电位相同，负载中不会有电流，因此没有电压输出。

当有交流信号输入时，四只晶体管两两轮流导通。当输入信号 u_i 处于正半周时，VT_1、

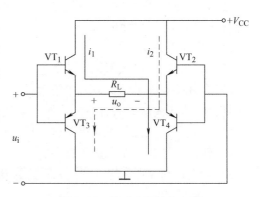

图 4-12　桥式功率放大电路

VT_4 管导通，VT_2、VT_3 管截止，电流如图 4-12 中实线所示，负载上获得正半周电压；当输入信号 u_i 处于负半周时，VT_2、VT_3 管导通，VT_1、VT_4 管截止，电流如图 4-12 中虚线所示，负载上获得负半周电压。这样负载上就得到一个完整的电压信号。

若忽略晶体管的饱和管压降，桥式功率放大电路的最大输出功率为 $V_{CC}^2/2R_L$。由此可见，在所有电源电压相同，负载电阻也相同的情况下，桥式功率放大电路输出的最大功率是单电源甲乙类功放的 4 倍。

目前要想获得大功率的输出，多采用桥式功率放大电路的形式。另外，需要强调的是，桥式功率放大电路的负载是不能接地的。

任务3　认识集成功率放大器

任务要求：

1. 了解典型集成功放的主要指标及其特点。
2. 熟悉集成功放的典型应用电路。
3. 能识读电路图。

集成功率放大器与分立元器件晶体管低频功率放大器比较，不仅具有体积小、质量轻、成本低、工作稳定、易于安装和调试等优点，而且在性能上也十分优越，例如温度稳定性好、功耗低、电源利用率高、失真小。由于在集成功率放大器中设计了许多保护措施，如过电流保护、过电压保护以及消噪电路等，因此，电路的可靠性也得到大大提高。集成功放的种类很多，从用途上划分，有通用型和专用型功放；从芯片内部的构成划分，有单通道和双通道功放；从输出功率划分，有小功率功放和大功率功放等。该任务只介绍几种常用集成功放的组成及使用方法。希望读者在使用时能举一反三，灵活应用其他功率放大器件。

3.1　TDA2030A 音频集成功率放大器

TDA2030A 是目前使用较为广泛的一种集成功率放大器，与其他功放相比，它的引脚和外部器件都较少。TDA2030A 的电气性能稳定，并在内部集成了过载和热切断保护电路，能适应长时间连续工作，由于其金属外壳与负电源引脚相连，因而在单电源使用时，金属外壳可直接固定在散热片上并与地线（金属机箱）相接，不需要绝缘，使用很方便。其引脚排列如图 4-13 所示。

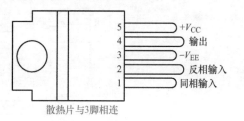

图 4-13　TDA2030A 引脚排列

TDA2030A 在收录机和有源音箱中用作音频功率放大器，也可在其他电子设备中用作功率放大。因其内部采用的是直接耦合，也可以用于直流放大。其主要性能参数如下：

电源电压：$\pm 3 \sim \pm 18V$

输出峰值电流：3.5A

输入电阻：$> 0.5M\Omega$

静态电流：$< 60mA$（测试条件：$V_{CC} = \pm 18V$）

电压增益：30dB

频率响应：0～140kHz

在电源为 ±15V、$R_L = 4\Omega$ 时，输出功率为14W。

（1）双电源（OCL）应用电路

图4-14所示电路是双电源时TDA2030A的典型应用电路。输入信号 u_i 由同相端输入，R_1、R_2、C_2 构成交流电压串联负反馈，因此，闭环电压放大倍数为

$$A_{uf} = 1 + \frac{R_1}{R_2} = 33$$

为了保持两输入端直流电阻平衡，使输入级偏置电流相等，选择 $R_3 = R_1$。VD_1、VD_2 起保护作用，用来泄放 R_L 产生的感生电压，将输出端的最大电压钳位在 $-V_{CC} - 0.7V$ 和 $V_{CC} + 0.7V$ 上。C_3、C_4 为去耦电容，用于减少电源内阻对交流信号的影响。C_1、C_2 为耦合电容。

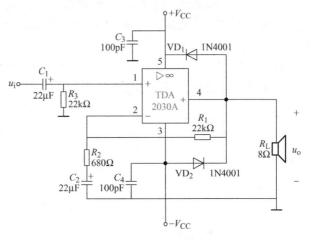

图4-14 由TDA2030A构成的OCL电路

（2）单电源（OTL）应用电路 对仅有一组电源的中、小型录音机的音响系统，可采用单电源连接方式，如图4-15所示。由于采用单电源供电，故同相输入端用阻值相同的 R_1、R_2 组成分压电路，使K点电位为 $V_{CC}/2$，经 R_3 加至同相输入端。在静态时，同相输入端、反相输入端和输出端皆为 $V_{CC}/2$，其他器件作用与双电源电路相同。

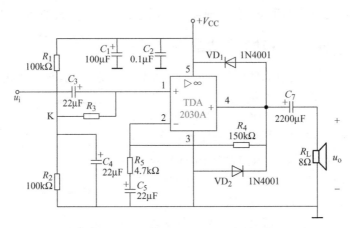

图4-15 由TDA2030A构成的OTL电路

3.2 LM386小功率通用型集成功率放大器

LM386是美国国家半导体公司生产的通用型集成音频功率放大器，LM386电路简单、通用性强，是目前应用较广的一种小功率集成功率放大器，具有电源电压范围宽（4～16V）、功耗低（常温下为660mW）、频带宽（300kHz）等优点，输出功率可达0.3～0.7W，

最大可达 2W。另外，电路的外接元器件少，不必外加散热片，使用方便。

图 4-16 是其外引脚排列图，封装形式为双列直插式。图 4-17 是 LM386 的典型应用电路。

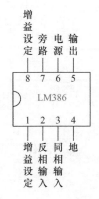

图 4-16　LM386 外引脚排列图

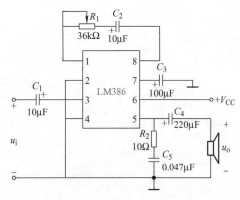

图 4-17　LM386 典型应用电路

图 4-18 中，接于 1、8 两脚的 C_2、R_1 用于调节电路的电压放大倍数。因为该电路形式为 OTL 电路，所以需要在 LM386 的输出端接一个 $220\mu F$ 的耦合电容 C_4。C_5、R_2 组成容性负载，以抵消扬声器音圈的感抗，防止信号突变时，音圈产生的感应电动势击穿输出管，在小功率输出时，C_5、R_2 也可不接。C_3 是旁路电容。当电路的输出功率不大、电源的稳定性能又好时，只需使用一个输出端的耦合电容和放大倍数调节电路，所以 LM386 广泛应用于收音机、对讲机、双电源转换、方波和正弦波发生器等电子电路中。

3.3　TDA2040 集成功率放大器

TDA2040 集成功率放大器内部有独特的短路保护系统，可以自动限制功耗，从而保证输出级晶体管始终处于安全区域。此外，TDA2040 内部还设置了过热关机等保护电路，使集成电路具有较高可靠性。它的主要应用参数为：电源电压 $\pm2.5 \sim \pm20V$、开环增益 80dB、功率带宽 100kHz、输入电阻 50kΩ。负载为 4Ω 时，输出功率可达 22W，失真度仅为 0.5%。

TDA2040 的应用比较灵活，既可以采用双电源供电构成 OCL 电路，也可以采用单电源供电构成 OTL 电路。它采用单列 5 脚封装，其引脚排列如图 4-18 所示。

TDA2040 采用双电源供电的功放电路如图 4-19a 所示。该电路在 $\pm16V$ 电源电压及 R_L 为 4Ω 的情况下，输出功率大于 15W，失真度小于 0.5%。R_3 和 R_2 构成负反馈，使电路的闭环增益为 30dB。R_4、C_7 构成频率补偿电路，改善放大器的高频特性。$C_3 \sim C_7$ 为电源滤波电容，用以防止电源引线太长时造成放大器低频自激振荡。

TDA2040 采用单电源供电的功放电路如图 4-19b 所示。电源电压 V_{CC} 经 R_1 和 R_2 的分压，给集成电路 1 脚加上 $V_{CC}/2$ 的直流电压，此时输出端 4 脚的直流电压为 $V_{CC}/2$。R_4 和 R_5 构成交流负反馈，使电路闭环增益为 30dB。C_7 为输出电容。

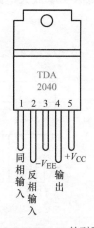

图 4-18　TDA2040 的引脚排列

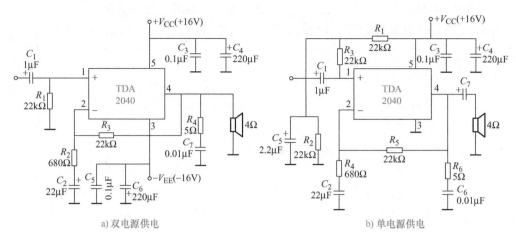

a) 双电源供电　　　　　　　　　　　　　　b) 单电源供电

图 4-19　TDA2040 典型应用电路

3.4　TDA2002 小功率通用型集成功率放大器

TDA2002 为国产小功率集成功率放大器，TDA2002 具有失真小、噪声低等优点，并且电源电压可在 5～20V 之间任意选择，是使用方便、性能良好的通用型集成功率放大器。其输出级为互补对称结构，只需外接少量元器件，不需调试即可满足工作需要。

主要参数如下：

工作电压：5～20V

输出功率：5.4W

静态电流：45mA

输入阻抗：150kΩ

谐波失真：0.2%

开环增益：80dB

纹波抑制：35dB

图 4-20a 所示为集成功率放大器 TDA2002 的外形和引脚排列，图 4-20b 所示为 TDA2002 构成的低频功率放大电路，该电路的最大不失真输出功率为 5W。

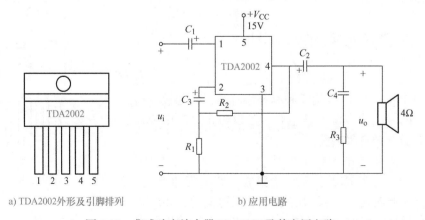

a) TDA2002外形及引脚排列　　　　　　　　b) 应用电路

图 4-20　集成功率放大器 TDA2002 及其应用电路

图4-20中，5脚为TDA2002的电源端，接15V正电源，3脚为接地端。输入信号经耦合电容C_1加到TDA2002的同相输入端1脚，4脚为输出端，经电容C_2将输出信号耦合到4Ω扬声器。R_1、R_2和C_3组成电压串联负反馈，将输出电压信号送回同相输入端2脚，以改善功率放大的性能。C_4和R_3用来改善放大电路的频率特性。

3.5 集成功率放大器使用注意事项

目前国产和进口的集成功率放大器型号繁多，性能参数及使用条件各不相同，为了全面发挥器件的功能，并确保器件安全可靠地工作，在实际使用中应注意以下几点：

（1）合理选择品种和型号 器件品种和型号的选择主要依据电路对功放级的要求，使所选用器件主要性能指标均能满足电路要求。同时要求在任何情况下，器件的所有极限参数都不要超出指标规定，这是因为在集成功率放大器使用中，即使是瞬时超过极限参数或某一两项工作条件超出极限参数，都可能造成器件失效或者使电路性能变差，形成隐患，缩短使用寿命。

产品说明书或手册中推荐的工作条件，不仅仅是保障器件安全工作的条件，而更重要的是表明在此条件下工作，电路将具有比较全面的、良好的综合性能，所以，使用中应尽量采用产品说明书或手册推荐的工作条件。

（2）合理安置元器件及布线 由于功率放大器处于大信号工作状态，在接线中器件分布排线走向不合理，极容易产生自激振荡或放大器工作不稳定，严重时甚至无法正常工作。

功率放大器件应安置在电路通风良好的部位，并远离前置放大级及耐热性能差的元器件（如电解电容）；电路接地线要尽量短且粗，需要接地的引出端要尽量做到一点接地，接地端应与输出回路负载接地端靠在一起。

（3）按规定选用负载 集成功率放大器使用时，应在规定的负载条件下工作，切勿随意加重负荷，严禁输出负载短路。

（4）合理选用散热装置 由于功率放大器件工作在大电压大电流状态，器件所消耗的功率比较大，容易使器件温度升高而发热，当器件温度升高到一定程度后就会损坏。改善散热条件，可使器件承受更大的耗散功率，通常采用的散热措施就是给功率放大器件加装散热器。特别是中、大功率放大器件，必须按手册要求加装散热器方能正常工作。散热器是由铜、铝等导热性能良好的金属材料制成，并有各种规格成品选用。

【专项技能训练】

制作音频功率放大器

目前，音响设备中广泛采用由集成电路组成的音频功率放大器。根据本项目所学的知识，我们将制作一款适合学生组装的袖珍有源单声道功放电路（音箱），参考电路见图4-1。

一、制作前的准备

1. 分析音频功率放大器的工作过程

图 4-1 所示电路中，IC 是集成功放电路；C_5 为滤波电容，C_6 为高频退耦电容；R_P 为音量调节电位器；R_1、R_2、R_3、C_2 为功放 TDA2030 输入端的偏置电路，由于本电路为单电源供电，功放 TDA2030 同相输入端静态电位为 $V_{CC}/2$ 时，电路才能正常工作。R_4、R_5、C_3 构成交流电压串联负反馈回路，改变 R_4 的大小可以改变反馈系数，其闭环增益为 $A_{uf} = (1 + R_4)/R_5$。C_1 是输入耦合电容，C_4 是输出耦合电容。在电路接有感性负载扬声器时，R_6、C_7 可抑制电路可能出现的高频自激振荡，确保高频稳定性。电路中 VD$_1$、VD$_2$ 为保护二极管，组成过电压保护电路，以泄放感性负载上的自感电压，避免集成电路受过电压冲击而损坏。

2. 制作工具和材料

1）制作工具：常用电子组装工具、万用表、双踪示波器、低频信号发生器、交流毫伏表、直流稳压电源。
2）根据图 4-1 画出装配图。
3）元器件及材料清单见表 4-1。

表 4-1　元器件及材料清单

元器件符号	名　称	规　格	数　量
VD$_1$、VD$_2$	二极管	1N4007	2
IC	集成功放	TDA2030	1
C_1	电解电容	4.7μF/25V	1
C_2、C_3	电解电容	47μF/25V	2
C_4、C_5	电解电容	1000μF	2
C_6、C_7	独石电容	104	2
R_1、R_2、R_3、R_5	电阻	100kΩ	4
R_4	电阻	4.7kΩ	1
R_6	电阻	22kΩ	1
R_P	电位器	2kΩ	1
B	扬声器	4Ω	1
	焊锡丝		若干
	焊接用细导线		若干
	散热片（含螺钉）	30mm×24mm×30mm	1
	排针	2P	1
	接线座	2P	2
	万能实验板（或面包板）		每人一块

二、识别并检测电路中的元器件

1. 识别并检测电阻、电容

具体步骤如下:

1)从外观上识别电阻、电容,观察电阻、电容有无引脚折断、脱落、松动和损坏情况。

2)用万用表测量电阻的阻值,并与标称值比较,完成表4-2。

3)用万用表检测电容的好坏,判别极性电解电容的正、负极,完成表4-3。

表4-2　识别并检测电阻

电阻编号	识别电阻的标志		实测电阻	判断好坏
	色　环	标称阻值		
R_1				
R_2				
R_3				
R_4				
R_5				
R_6				

表4-3　识别并检测电容

电容编号	外表标注	电容性能好坏
C_1		
C_2		
C_3		
C_4		
C_5		
C_6		
C_7		

注:电容 C_6、C_7 的规格是104,是数码表示法。数码表示法一般用三位数表示容量的大小,前面两位数表示电容标称容量的有效值数字,第三位数表示有效数字后面零的个数,其单位是皮法(pF)。104表示100000pF。

2. 识别并检测二极管

具体步骤如下:

1)从外观特征识别二极管。

2)用万用表对本项目中的二极管进行检测。

3)将测量结果记录到表4-4中。

表 4-4　识别并检测二极管

编　号	型　号	管型判断	管子好坏	说明功能
VD$_1$				
VD$_2$				

3. 识别并检测扬声器

（1）**认识扬声器**　扬声器又称为喇叭，是一种电声转换器件，它将模拟的语音电信号转化成声波，是收音机、录音机、电视机和音响等设备中的重要器件，它的质量直接影响着音质和音响效果。电动式扬声器是最常见的一种结构。电动式扬声器由纸盆、音圈、音圈支架、磁铁和盆架等组成，当音频电流通过音圈时，音圈产生随音频电流而变化的磁场，这一变化磁场与永久磁铁的磁场发生相吸或相斥作用，导致音圈产生机械运动并带动纸盆振动，从而发出声音。电动式扬声器的符号与结构如图 4-21 所示。

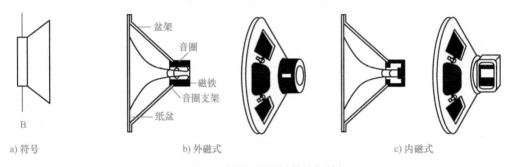

a) 符号　　　　　　　　b) 外磁式　　　　　　　　c) 内磁式

图 4-21　电动式扬声器的符号与结构

（2）**扬声器的性能检测**　将万用表调到 $R\times1$ 欧姆档，用万用表的两只表笔（不分红、黑）断续触碰扬声器的两引端，如图 4-22 所示。若扬声器中发出"咯咯……"声，且指针也相应摆动，则扬声器是好的；若无声音，应查看是否断线。若有纸盆破裂声，说明纸盆脱胶或漏气，应粘贴或重新换纸盒。

（3）**测试扬声器音圈直流电阻**　如图 4-23 所示，万用表所指示的是音圈的直流电阻，应为扬声器标称阻抗的 0.8 倍左右，若数值过小则说明音圈短路，过大则说明音圈已断路。

需要提醒的是，由于扬声器阻抗很低，因此万用表应置于 $R\times1$ 档。

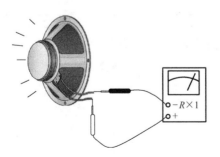
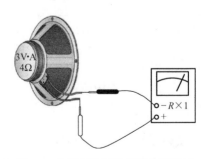

图 4-22　扬声器性能检测　　　　　　图 4-23　扬声器音圈直流电阻测试

三、制作音频功率放大器

1. 元器件的布局与装配

1）按照电路的原理图、装配图和元器件的外形尺寸、封装形式，将元器件在万能实验板上均匀布局。

2）电阻、晶体管均采用水平安装方式，元器件体紧贴电路板。

3）电容采用垂直安装方式，安装时注意电解电容正负极。

4）安装 TDA2030 和散热片，注意先将散热片组装好后再插入电路板，而后再将 TDA2030 插入电路板。

2. 焊接制作

1）对已完成装配的元器件应仔细检查，包括元器件的位置。

2）首先焊接电阻、二极管等小的元器件，焊接时元器件要贴紧电路板。对电阻、二极管焊接，焊接完成后应剪掉多余的元器件引脚。安装焊接电解电容时要注意正负极，最后焊接音量电位器。

3）焊接时应保证焊点无虚焊、漏焊等；检查有没有其他影响安全指标的缺陷等。

3. 通电调试

焊接完毕，先确定电路连接无误后，方可通电。用镊子碰触 C_1 负极（放大器信号输入端），听扬声器是否随镊子的碰触发出"咕咕"声。

调整信号发生器，使之输出幅值为 20mV、频率为 1kHz 的正弦波信号，送入 u_i 端，试听扬声器发出的声音，并将示波器接在 TDA2030 的 4 脚，观察波形。

【技能考核】

项目考核表见表4-5。

表4-5 项目考核表

学生姓名	教师姓名	名 称		
		制作音频功率放大器		
技能训练考核内容		考核标准		得分
仪器使用规范（10分）		能正确使用万用表、双踪示波器、低频信号发生器，错误一次扣2~5分		
电路中的元器件识别与检测（20分）		能够正确识别并检测各种元器件，识别错误、检测错误一次扣2分		
电路的装配制作（40分）		按顺序正确装配焊接元器件，顺序不对、工具使用不当一次扣2分，损坏元器件，每个扣2分		
通电调试（20分）		通电后成功运行及调试，失败一次扣10分		
报告（10分）		字迹清晰、内容完整、结论正确，一处不合格扣2~5分		
完成日期		年 月 日	总分	

【思考与练习】

4-1 填空题

(1) 为了获得大的功率输出，要求功放管的_____和_____都有足够大的输出幅度，因此器件往往在接近极限运行状态下工作。

(2) 功率放大电路要解决_____、_____、_____、_____等问题。

(3) 功率放大电路中输出的功率由_____提供。

(4) 交越失真是指_____。

(5) 根据晶体管静态工作点的位置不同，功率放大电路可分成_____、_____、_____。

4-2 选择题

(1) 功率放大电路的最大输出功率是在输入电压为正弦波时，输出基本不失真的情况下，负载上可能获得的最大（   ）。

A. 交流功率   B. 直流功率   C. 平均功率

(2) 功率放大电路的转换效率是指（   ）。

A. 输出功率与晶体管所消耗的功率之比

B. 最大输出功率与电源提供的平均功率之比

C. 晶体管所消耗的功率与电源提供的平均功率之比

(3) 在 OCL 乙类功率放大电路中，若最大输出功率为 1W，则电路中功放管的集电极最大功耗约为（   ）。

A. 1W   B. 0.5W   C. 0.2W

(4) 如图 4-24 所示电路中，晶体管 VT_1、VT_2 的饱和管压降 $|U_{CES}|=2V$，$U_{BE}=0V$，$V_{CC}=15V$，$R_L=8\Omega$，输入电压 u_i 为正弦波，选择正确答案填入空格内。

1) 静态时，晶体管发射极电位 U_{EQ}（   ）。

A. >0V   B. =0   C. <0V

2) 最大输出功率 P_{om}（   ）。

A. ≈11W   B. ≈14W   C. ≈20W

3) 若晶体管的开启电压为 0.5V，则输出电压将出现（   ）。

A. 饱和失真   B. 截止失真   C. 交越失真

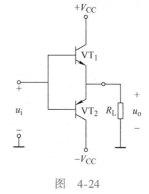

图 4-24

4-3 试判断图 4-25 所示各种复合管的连接是否正确。如正确，指出它们各自等效于什么类型的管子，引脚 1、2、3 分别对应于什么电极。

4-4 一双电源互补对称功率放大电路如图 4-26 所示，设已知 $V_{CC}=12V$，$R_L=16\Omega$，u_i 为正弦波。求：

(1) 在晶体管的饱和管压降 U_{CES} 可以忽略不计的条件下，负载上可能得到的最大输出功率 P_{om}。

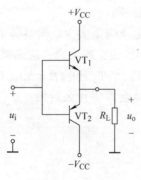

图 4-25 题 4-3 图

(2) 每个管子允许的管耗至少应为多少？

(3) 每个管子的耐压 $|U_{(BR)CEO}|$ 应大于多少？

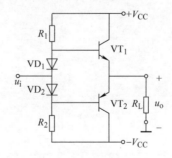

图 4-26 题 4-4 图

4-5 如图 4-27 所示电路中，已知 $V_{CC} = 16V$，$R_L = 4\Omega$，VT_1 和 VT_2 管的饱和管压降 $|U_{CES}| = 2V$，输入电压足够大。试问：

(1) 最大输出功率 P_{om} 和效率 η 各为多少？

(2) 晶体管的最大功耗 P_{Tm} 为多少？

(3) 为了使输出功率达到 P_{om}，输入电压的有效值约为多少？

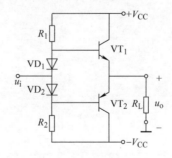

图 4-27 题 4-5 图

4-6 图 4-28 所示 OCL 功率放大电路中，若输入为正弦电压，互补管 VT_2、VT_3 的饱和管压降可以忽略。

(1) VT_2 和 VT_3 为何种工作方式？

(2) 理想情况下，电路的最大输出功率是多少？

(3) 电路中 VD_1 和 VD_2 的作用是什么？

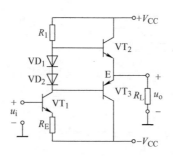

图 4-28　题 4-6 图

4-7　如图 4-29 所示 OTL 功率放大电路中，设 VT_1、VT_2 特性完全对称，u_i 为正弦电压，$V_{CC} = 10V$，$R_L = 16\Omega$。试回答下列问题：

（1）静态时，电容 C_2 两端的电压应是多少？调整哪个电阻能满足这一要求？

（2）动态时，若输出电压波形出现交越失真，应调整哪个电阻？如何调整？

（3）若 $R_1 = R_3 = 1.2k\Omega$，VT_1、VT_2 管的 $\beta = 50$，$U_{BE} = 0.7V$，$P_{CM} = 200mW$，假设 VD_1、VD_2、R_2 中任意一个开路，将会产生什么后果？

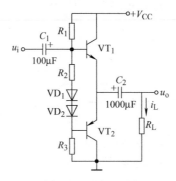

图 4-29　题 4-7 图

项目5 信号产生电路的认识及应用

通常能够产生振荡信号的电路称为振荡电路，也称为信号产生电路或振荡器。它的实质是不需要输入控制信号，就能输出一定波形的电压。在模拟电子电路中，常常需要各种波形的信号，如正弦波、三角波和矩形波（含方波）等，作为测试信号或控制信号等。振荡器按输出信号的波形来分，有正弦波振荡器和非正弦波振荡器两大类。

信号产生电路在电路实验和设备检测中具有十分广泛的用途，其中正弦信号是使用最广泛的测试信号。这是因为产生正弦信号的方法比较简单，而且用正弦信号测量比较方便。

本项目主要介绍信号产生的原理及各类信号产生电路。首先认识正弦波振荡产生的条件，重点讨论 RC、LC、石英晶体正弦波振荡电路的工作原理及性能特点。之后了解以比较器为基础的几种非正弦信号产生电路。最后完成图 5-1 所示电路的制作。

图 5-1 所示的电路就是一种多波形的信号发生器。该电路可以输出正弦波、矩形波等波形。

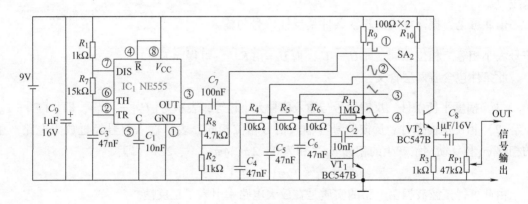

图 5-1 多波形信号发生电路

知识目标：

1. 了解正弦波振荡电路的组成及特点，掌握其起振和振荡条件。
2. 掌握 RC、LC、石英晶体正弦波振荡电路的组成及工作原理。
3. 了解非正弦波信号发生器的工作原理。

技能目标：

1. 会用示波器观测调试正弦波振荡电路。
2. 会测试电路中各元器件的主要参数。

任务 1 了解产生正弦波振荡的条件

任务要求：

1. 掌握正弦波振荡电路产生振荡的条件。
2. 了解正弦波振荡电路的组成和分析方法。

1.1 产生正弦波振荡的条件

正弦波振荡电路也称为正弦波产生电路或正弦波振荡器。它是在没有外加输入信号的情况下，依靠电路自激振荡产生一定幅度、一定频率正弦波输出信号的电路。

正弦波是如何产生的呢？本任务以图 5-2 所示的框图来分析正弦波振荡形成的条件。

从结构上看，正弦波振荡电路实际上是一个引入正反馈的放大电路。如果开关 S 先接到 1 端，将正弦波电压 $\dot{U}_i$ 输入到电压放大器后，则输出正弦波电压 $\dot{U}_o$；再将开关接到 2 端，若能保证使 $\dot{U}_f = \dot{U}_i$，也能稳定地输出电压 $\dot{U}_o$。

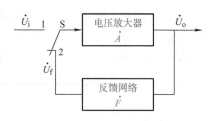

图 5-2 正弦波振荡电路的框图

由此可见，振荡形成的基本条件是反馈信号与输入信号大小相等、相位相同，即 $\dot{U}_f = \dot{U}_i$，而 $\dot{U}_f = \dot{A}\dot{F}\dot{U}_i$，可得 $\dot{A}\dot{F} = 1$。

此条件包含着两层含义：

（1）幅度平衡条件 反馈信号与输入信号大小相等，表示为 $|\dot{U}_f| = |\dot{U}_i|$，即 $|\dot{A}\dot{F}| = 1$。

（2）相位平衡条件 反馈信号与输入信号相位相同，表示输入信号经过放大电路产生的相移 φ_A 和反馈网络产生的相移 φ_F 之和为 0、2π、4π、$\cdots$、$2n\pi$，即

$$\varphi_A + \varphi_F = 2n\pi \, (n = 0, 1, 2, 3, \cdots)$$

由此可得正弦波振荡电路的实质是在放大电路中引入了正反馈。

1.2 振荡电路的起振和稳幅

1. 振荡电路的起振

当振荡电路接通电源时，随着电源电压由零开始的突然增大，电路受到扰动，在放大器的输入端产生一个微弱的扰动电压 u_i，电路中将产生噪声。这个扰动电压包含了从低频到高频的各种频率的谐波成分，为了能得到我们所需要频率的正弦波信号，必须增加选频网络，从中总可选出一种频率的信号满足振荡的相位平衡条件而使电路产生正反馈。如果此时电压放大器的放大倍数足够大，满足 $|\dot{A}\dot{F}| > 1$ 的条件，则这一信号便可通过振荡电路的放大、选频环节被不断放大，而其他频率的信号则被选频网络抑制掉。这样在很短的时间内就会得到一个由弱变强的输出信号，使电路振荡起来。

2. 振荡电路的稳幅

随着电路输出信号的增大，晶体管的工作范围进入了截止区和饱和区，从而限制了振荡幅度的无限增大。稳幅环节的作用就是使电路从 $|\dot{A}\dot{F}| > 1$ 达到 $|\dot{A}\dot{F}| = 1$ 的稳定状态，使输出信号幅度稳定，且波形良好。从电路的起振到形成稳幅振荡所需的时间是极短的。

1.3 正弦波振荡电路的组成及分类

一个正弦波振荡电路一般由放大电路、反馈网络、选频网络和稳幅环节四个部分组成。

放大电路：保证电路能够从起振进入动态平衡状态，使电路获得具有一定幅值的输出信号。

反馈网络：将振荡电路输出的一部分能量反馈到输入端，形成正反馈以满足相位平衡条件。

选频网络：用于确定电路的振荡频率，使电路产生单一频率的正弦振荡。在很多实际电路中，选频网络与反馈网络合二为一，即同一个网络既起选频作用，又有正反馈功能。

稳幅环节：用于稳定振荡电路输出信号的振幅，改善波形。对于分立元器件放大电路，有时也不另加稳幅环节，而是依靠放大管的非线性特性来稳幅。

正弦波振荡电路常用选频网络所用的元器件来命名，根据选频网络组成元器件的不同，正弦波振荡电路可分为：

1）RC 正弦波振荡电路，产生低频正弦波信号（$f_0 < 1\text{MHz}$）。

2）LC 正弦波振荡电路，产生高频正弦波信号（$f_0 > 1\text{MHz}$）。

3）石英晶体正弦波振荡电路，产生频率稳定度很高的正弦波信号。

1.4 正弦波振荡电路的分析方法

正弦波振荡电路的分析重点是判断电路能否产生振荡、振荡电路的振荡频率是多少等。通常可采用下列步骤进行分析：

1）检查电路的组成部分是否具有放大电路、反馈网络、选频网络和稳幅环节四个部分。

2）检查放大电路是否有合适的静态工作点，能否正常放大。

3）用瞬时极性法来判断电路是否满足相位平衡条件。

4）判断电路能否满足振荡的幅度平衡条件。

任务 2 认识常用的正弦波振荡电路

任务要求：

1. 掌握 RC 桥式正弦波振荡电路的组成及工作原理。

2. 掌握 RC 桥式正弦波振荡电路起振的条件，会估算振荡频率。

3. 了解 LC、石英晶体正弦波振荡电路的组成及工作原理，会估算振荡频率。

2.1 *RC* 桥式正弦波振荡电路

RC 正弦波振荡电路结构简单，性能可靠，且电路的形式多种多样，本任务重点介绍 *RC* 桥式正弦波振荡电路。

1. 电路组成

RC 桥式正弦波振荡电路如图 5-3 所示，其组成如下：

1）放大及稳幅环节：集成运放 A。

2）选频网络：*RC* 谐振电路。

3）反馈环节：*RC* 串并联网络是正反馈网络，R_f 和 R_1 为负反馈网络。

2. 工作原理

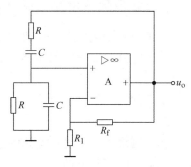

集成运算放大器接成同相输入方式，即 $\varphi_A = 0$。当信号频率为 *RC* 网络的固有振荡频率 f_0 时，反馈网络反馈系

图 5-3 *RC* 桥式正弦波振荡电路

数最大，即 $|\dot{F}| = 1/3$ 时，相角 $\varphi_F = 0$，满足自激振荡的相位平衡条件（$\varphi_A + \varphi_F = 0$）。

经推导可得其振荡频率为
$$f_0 = \frac{1}{2\pi RC} \tag{5-1}$$

因为电路振荡时，反馈系数 $|\dot{F}| = 1/3$，根据起振条件 $|\dot{A}\dot{F}| > 1$，所以要求电路的电压放大倍数为 $A_f = 1 + \dfrac{R_f}{R_1} > 3$，即 $R_f > 2R_1$ 时，电路能够顺利起振。改变 *R*、*C* 的数值可以改变振荡频率；改变 R_f，可以调整输出波形的幅值。

2.2 *LC* 正弦波振荡电路

LC 正弦波振荡电路分为变压器反馈式 *LC* 正弦波振荡电路、电感反馈式 *LC* 正弦波振荡电路、电容反馈式 *LC* 正弦波振荡电路，用来产生几兆赫兹以上的高频信号。

1. 变压器反馈式 *LC* 正弦波振荡电路

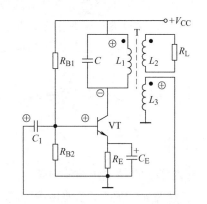

（1）电路组成 变压器反馈式 *LC* 正弦波振荡电路原理图如图 5-4 所示，其组成如下：

1）放大及稳幅环节：共发射极放大电路。

2）反馈网络：变压器线圈 L_3 构成反馈网络。

3）选频网络：L_1、*C* 构成选频网络。

（2）振荡条件

1）相位平衡条件。为了满足相位平衡条件，变压器一、二次侧之间的同名端必须正确连接。由图

图 5-4 变压器反馈式 *LC* 正弦波振荡电路

中 L_1 及 L_3 同名端可知，反馈信号与输出电压极性相反，保证了电路的正反馈，满足振荡的相位平衡条件。

2）幅度平衡条件。一般只要 β 值较大，就能满足幅度平衡条件。反馈线圈匝数越多，耦合越强，电路越容易起振。

该电路的振荡频率为

$$f \approx f_0 = \frac{1}{2\pi\sqrt{LC}} \tag{5-2}$$

2. 电感反馈式 *LC* 正弦波振荡电路

电感反馈式正弦波振荡电路的特点是电路中 *LC* 并联谐振回路的三个端子分别与晶体管的三个电极相连，故而又称为电感反馈式正弦波振荡电路。

（1）电路组成　电感反馈式 *LC* 正弦波振荡电路原理图如图 5-5 所示，其组成如下：

1）放大及稳幅环节：共发射极放大电路。

2）反馈网络：互感线圈 L_2 构成正反馈网络。

3）选频网络：L_1、L_2、C 构成选频网络。

（2）振荡条件

1）相位平衡条件。设基极瞬时极性为正，由于

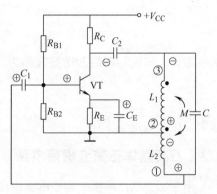

图 5-5　电感反馈式 *LC* 正弦波振荡电路

放大器的倒相作用，集电极电位为负，与基极相位相反，则电感的③端为负，②端为公共端，①端为正，各瞬时极性如图 5-5 所示。反馈电压由①端引至晶体管的基极，故为正反馈，满足相位平衡条件。

2）幅度平衡条件。从图 5-5 可以看出反馈电压是取自电感 L_2 两端，加到晶体管 B、E 间的。所以改变线圈抽头的位置，即改变 L_2 的大小，就可调节反馈电压的大小，电路便可起振。

由此可得到振荡频率为

$$f_0 = \frac{1}{2\pi\sqrt{LC}} = \frac{1}{2\pi\sqrt{(L_1 + L_2 + 2M)C}} \tag{5-3}$$

式中，*M* 为两部分线圈之间的互感系数；*L* 为谐振回路总电感。

3. 电容反馈式 *LC* 正弦波振荡电路

电容反馈式 *LC* 正弦波振荡电路也称为考比兹振荡器，其原理如图 5-6a 所示。

由图可见，其电路构成与电感反馈式 *LC* 正弦波振荡电路基本相同，因此分析相位条件的方法也相同，该电路也满足相位平衡条件。电路的振荡频率为

$$f_0 \approx \frac{1}{2\pi\sqrt{LC}} = \frac{1}{2\pi\sqrt{L\dfrac{C_1 C_2}{C_1 + C_2}}}$$

为了方便地调节频率和提高振荡频率的稳定性，可把图 5-6a 中的选频网络变成图 5-6b

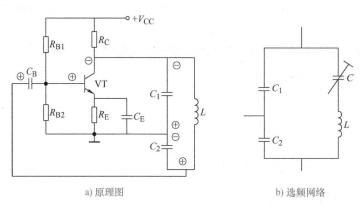

a) 原理图   b) 选频网络

图 5-6   电容反馈式 LC 正弦波振荡电路

所示形式，该选频网络的谐振频率为

$$f_0 = \frac{1}{2\pi \sqrt{LC'}} \tag{5-4}$$

式中，$C' = C_1 /\!/ C_2 /\!/ C$。

2.3 石英晶体正弦波振荡电路

由于 LC、RC 振荡电路受电源电压的波动及温度对晶体管性能改变等因素的影响，所以使其振荡频率不稳定。石英晶体正弦波振荡电路因具有极高的频率稳定性，它可使振荡频率的稳定度提高几个数量级，因此被广泛应用于通信系统、雷达、导航等电子设备中。

1. 石英晶体的特性

石英晶体又称为石英谐振器，它是利用石英的"压电"特性而按特殊切割方式制成的一种电谐振器件。石英晶体器件具有性能稳定、品质因数高、体积小等优点。石英晶体的外形、结构和符号如图 5-7 所示。

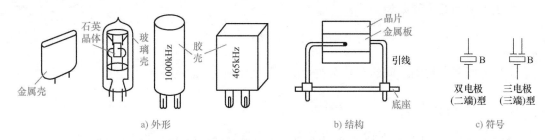

a) 外形   b) 结构   c) 符号

图 5-7   石英晶体外形、结构和符号

石英晶体器件一般有两个电极，但也有多电极式的封装。石英晶体器件按封装外形分，有金属壳、玻璃壳、胶壳和塑封等几种；按石英晶体器件的频率稳定度分，有普通型和高精度型。石英晶体器件被广泛应用于电视机、手机、手表、DVD 机等。尽管石英晶体器件的分类形式较多，但彼此间的性能差别不大，只要体积及性能参数基本一致，许多石英晶体器件都可以互换使用。

2. 石英晶体器件的主要参数

石英晶体器件的主要参数有标称频率、负载电容、工作温度、频率偏移、温度系数和激励电平等。

（1）标称频率 在石英晶体成品上标有一个标称频率，当电路工作在这个标称频率时，其频率稳定度最高。这个标称频率通常是在成品出厂前，在石英晶体上并接一定的负载电容条件下测得的。

（2）负载电容 所谓石英晶体的负载电容，是指从晶振的插脚两端向振荡电路的方向看进去的等效电容，即指与晶振插脚两端相关联的集成电路内部及外围的全部有效电容之和。

3. 石英晶体的压电效应与压电振荡

当石英晶片两边加上电压时，晶片就会产生机械变形；反之，若在晶片的两侧施加机械压力时，则晶片会在相应的方向上产生电压，这种现象称为压电效应。如果在晶片的两极上加上交变电压，晶片就会产生机械振动，同时晶片的机械振动又会产生交变电场。在一般情况下，晶片机械振动的振幅较小，但当外加交变电压的频率和晶片的固有频率（决定于晶片的尺寸）相等时，机械振动的幅度将急剧增加，产生共振，这种现象称为压电振荡。这一特定频率就是石英晶体的固有频率，也称为谐振频率。

4. 石英晶体的等效电路

石英晶体的等效电路如图 5-8 所示。当晶体不振动时，可把它看成一个平板电容，称为静电电容 C_0，它的大小与晶片的几何尺寸、电极面积有关，一般为几皮法到几十皮法。当晶体振荡时，机械振动的惯性可用电感 L 来等效。一般 L 的值为几十毫亨到几百毫亨。晶片的弹性可用电容 C 来等效，C 的值很小。晶片振动时因摩擦而造成的损耗用 R 来等效，它的数值为几欧姆到几百欧姆。由于晶片的 L 很大，而 C 很小，R 也很小，因此回路的选频特性很好。

石英晶体的频率特性曲线如图 5-9 所示。

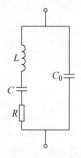

图5-8 石英晶体的等效电路

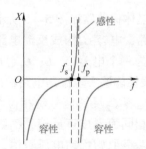

图5-9 石英晶体的频率特性曲线

1）当 L、C、R 支路产生串联谐振时，该支路呈纯阻性，即 $X=0$，谐振频率为

$$f_s = \frac{1}{2\pi \sqrt{LC}}$$

2）当$f<f_s$时，C_0和C电抗较大，起主导作用，等效电路呈容性。

3）$f>f_s$时，L、C、R支路呈感性，将与C_0产生并联谐振，谐振频率为

$$f_p = \frac{1}{2\pi\sqrt{L\dfrac{CC_0}{C+C_0}}} = f_s\sqrt{1+\frac{C}{C_0}} \tag{5-5}$$

当$C \ll C_0$时，有

$$f_p \approx f_s$$

4）当$f>f_p$时，电抗X主要取决于C_0大小，等效电路呈容性。

5）只有在$f_s<f<f_p$的狭小区域内，X为正值，呈感性。

石英晶体振荡电路形式是多种多样的，但其基本电路只有两类：串联型石英晶体振荡器、并联型石英晶体振荡器。

5. 串联型石英晶体振荡器

串联型石英晶体振荡器如图 5-10 所示。晶体管 VT_1、VT_2 构成放大电路，R_P 和石英晶体构成正反馈及选频网络，只要电路参数选择得当，就可以满足幅度平衡条件。

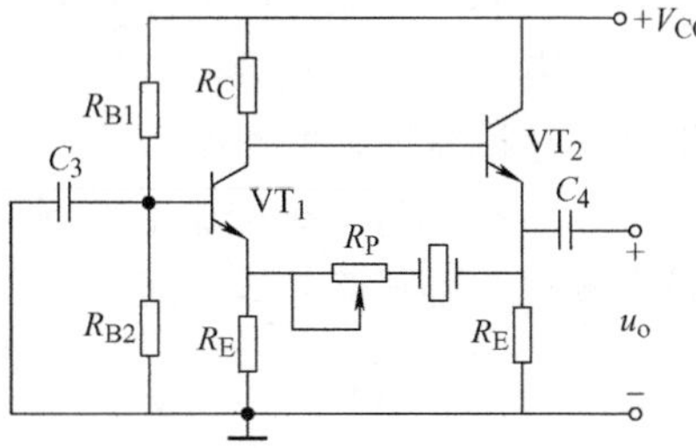

工作原理：石英晶体工作于串联谐振状态，此时石英晶体呈纯阻性，用瞬时极性法判断电路为正反馈，此时电路产生自激振荡，振荡频率为

$$f_0 = f_s$$

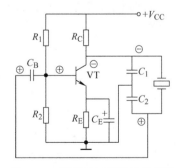

图 5-10　串联型石英晶体振荡器

VT_1、VT_2组成两级直接耦合放大器，晶体既是反馈网络，又是选频网络，起双重作用。第一级为共基极电路，它的集电极电压与发射极电压同相位，而第二级是共集电极电路，其发射极电压与基极电压同相位，因此 VT_1 和 VT_2 的发射极电压同相位。当$f=f_s$时，由石英晶体构成的反馈网络相移为零。幅度平衡条件可以通过调节电阻 R_P 来实现。

6. 并联型石英晶体振荡器

并联型石英晶体振荡器如图 5-11 所示。共发射极放大电路构成放大电路；电容 C_2 构成反馈电路；石英晶体呈感性，可把它等效为一个电感 L，L、C_1、C_2 构成选频网络；晶体管 VT 的非线性能够实现振荡电路输出电压的稳幅。

工作原理：电容 C_2 反馈信号的相位与晶体管 VT 基极的输入信号相位相同而形成正反馈，C_2 数值选择合适，使其反馈电压高于基极原始扰动电压数值，即能满足振荡条件，于是电路能够起振。该电路的振荡频率为

图 5-11　并联型石英晶体振荡器

$$f_0 = \frac{1}{2\pi\sqrt{L\dfrac{C_1C_2}{C_1+C_2}}} \tag{5-6}$$

任务3 认识非正弦信号产生电路

任务要求：

1. 了解矩形波、三角波和锯齿波三种非正弦信号产生电路的组成。

2. 正确理解由集成运放构成的矩形波、三角波和锯齿波产生电路的工作原理。

非正弦波信号产生电路在自动控制系统、数字系统及测量仪器设备中的应用十分广泛。非正弦波信号产生电路通常由比较器、反馈网络和积分电路组成，没有选频网络。

本任务主要讲述模拟电子电路中常用的矩形波、三角波和锯齿波三种非正弦波信号产生电路的组成、工作原理及主要参数。

3.1 矩形波产生电路

矩形波产生电路是一种能够直接产生矩形波的非正弦信号发生电路，也是其他非正弦波产生电路的基础。由于矩形波包含极丰富的谐波，因此，矩形波电路又称为多谐振荡器。

1. 电路组成

矩形波产生电路如图 5-12a 所示，它是在滞回比较器的基础上，把输出电压经 R_3、C 反馈到集成运放的反相端，在集成运放的输出端引入限流电阻 R_4 和两个稳压管而组成的双向限幅电路。

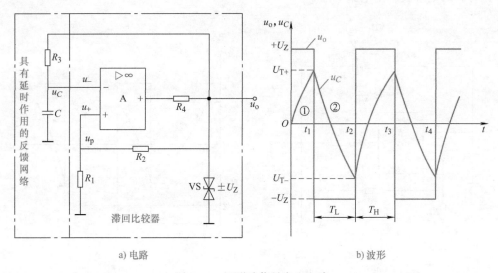

a) 电路　　　　　　　　　　　　　　　　　　b) 波形

图 5-12 矩形波信号产生电路

2. 工作原理

图 5-12a 所示电路在接通电源的瞬间，其输出电压究竟偏于正向饱和还是负向饱和，具有不确定性。设某一时刻输出电压偏于正饱和值，即 $u_o = +U_Z$ 时，集成运放同相端的对地

电压为 $u_p = \dfrac{R_1}{R_1 + R_2} U_Z$。$u_o$ 通过 R_3 对电容 C 正向充电，反相输入端对地电压 u_C 随时间增长而

逐渐升高，一旦 u_C 稍大于 u_p，u_o 就从 $+U_Z$ 跳变为 $-U_Z$，与此同时 $u_p = -\dfrac{R_1}{R_1 + R_2} U_Z$。随后

u_o 又通过 R_3 对电容 C 反向充电。反相输入端对地电压 u_C 随时间增长而逐渐降低，一旦 u_C 稍

小于 u_p，u_o 就从 $-U_Z$ 跳变为 $+U_Z$，与此同时 $u_p = \dfrac{R_1}{R_1 + R_2} U_Z$，电容 C 又正向充电，如此循环

往复，电路便产生了自激振荡。

从以上分析可知，矩形波的频率与 RC 充放电时间常数有关，R、C 的乘积越大，充放
电时间越长，矩形波的频率就越低。图 5-12b 中 $t_1 \sim t_3$ 时段为矩形波的一个典型周期内输出
端及电容 C 上的电压波形，其周期和频率可由下式估算：

振荡周期为

$$T = 2R_3 C \ln\left(1 + \frac{2R_1}{R_2} \right)$$

振荡频率为

$$f = 1/T$$

通常将矩形波为高电平的持续时间与振荡周期的比值称为占空比。前面所述的电路中输
出电压 u_o 的波形是正、负半周对称的矩形波，其占空比为 50%，通常称这种矩形波为方波。
如需改变输出电压的占空比，只需适当改变电容 C 的正向和反向充电时间常数即可。利用
二极管的单向导电性可以引导电流流经不同的通路，因此只需对图 5-12a 稍加改造即可得到
占空比可调的矩形波产生电路如图 5-13 所示。

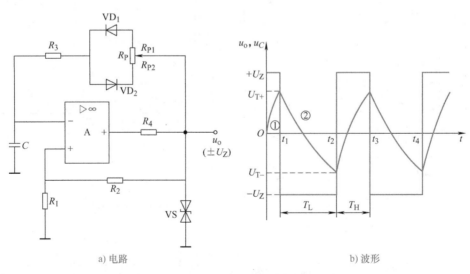

a) 电路　　　　　　　　　　　　　　　　　b) 波形

图 5-13　占空比可调的矩形波产生电路

当输出电压 $u_o = +U_Z$ 时，VD_1 导通，VD_2 截止，u_o 通过 R_{P1}、VD_1 和 R_3 对电容 C 正向充
电，若忽略二极管导通时的等效电阻，则时间常数 $\tau_1 = (R_{P1} + R_3)C$。

当输出电压 $u_o = -U_Z$ 时，VD_2 导通，VD_1 截止，u_o 通过 R_{P2}、VD_2 和 R_3 对电容 C 反向充
电，若忽略二极管导通时的等效电阻，则时间常数 $\tau_2 = (R_{P2} + R_3)C$。

充电时间：$T_{\mathrm{H}} \approx \tau_1 \ln\left(1 + \dfrac{2R_1}{R_2}\right)$

放电时间：$T_{\mathrm{L}} \approx \tau_2 \ln\left(1 + \dfrac{2R_1}{R_2}\right)$

周期：$T = T_{\mathrm{L}} + T_{\mathrm{H}} \approx (R_{\mathrm{P}} + 2R_3)C \ln\left(1 + \dfrac{2R_1}{R_2}\right)$

矩形波的占空比：$q = \dfrac{T_{\mathrm{H}}}{T} \approx \dfrac{R_{\mathrm{P1}} + R_3}{R_{\mathrm{P}} + 2R_3}$

改变电位器滑动端的位置即可调节矩形波的占空比，而总的振荡周期不变。

3.2 三角波、锯齿波产生电路

1. 三角波产生电路

三角波产生电路一般可用矩形波产生电路后加一级积分电路组成，将矩形波积分后即可得到三角波。

图 5-14a 所示为一个三角波产生电路。图中集成运放 A_1、R_1、R_2、R_3、R_4 和 VS 组成滞回比较器，A_2、R_5、R_6 和 C 组成积分电路。滞回比较器输出端矩形波加在积分电路的反相输入端，而积分电路输出的三角波又接到滞回比较器的同相输入端，控制滞回比较器输出端的状态发生跳变，从而在 A_2 的输出端得到周期性三角波。

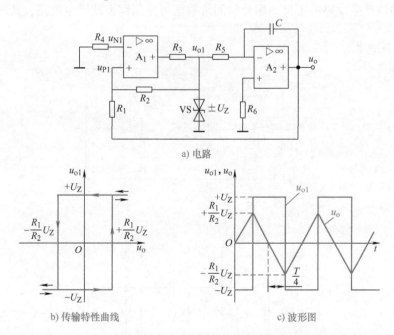

a) 电路

b) 传输特性曲线　　　　c) 波形图

图 5-14　三角波产生电路

滞回比较器输出端电压 $u_{\mathrm{o1}} = \pm U_{\mathrm{Z}}$，假设积分电容上的初始电压为零。由于 A_1 同相输入端的对地电压 u_{P1} 同时与 u_{o1} 和 u_{o} 有关，根据叠加原理，可得集成运放 A_1 同相输入端的对地电压为

$$u_{P1} = \frac{R_2}{R_1 + R_2}u_o + \frac{R_1}{R_1 + R_2}u_{o1} = \frac{R_2}{R_1 + R_2}u_o \pm \frac{R_1}{R_1 + R_2}U_Z$$

滞回比较器电压传输特性曲线如图 5-14b 所示，输出的阈值电压 U_T 为 $\pm\frac{R_1}{R_2}U_Z$。积分电路的输入电压是滞回比较器输出端电压 u_{o1}，而且 u_{o1} 不是 $+U_Z$ 就是 $-U_Z$。设初态时 u_{o1} 刚好从 $-U_Z$ 跃变为 $+U_Z$，积分电路反向积分，u_o 随时间的增长线性下降，一旦 $u_o = -\frac{R_1}{R_2}U_Z$，再减小一点，$u_{o1}$ 将从 $+U_Z$ 跃变为 $-U_Z$，积分电路正向积分，u_o 随时间的增长线性增大，根据图 5-14b 所示电压传输特性，一旦 $u_o = +\frac{R_1}{R_2}U_Z$，再稍增大，$u_{o1}$ 将从 $-U_Z$ 跃变为 $+U_Z$，回到初态，积分电路又开始反向积分。电路重复上述过程，于是从滞回比较器的输出端可得到一个矩形波，而在积分电路的输出端可得到一个三角波，其波形图如图 5-14c 所示。

三角波的振荡频率为

$$f = \frac{R_2}{4R_1 R_5 C}$$

调节电路中 R_1、R_2、R_5 的阻值和 C 的容量，可以改变振荡频率；而调节 R_1 和 R_2 的阻值，可以改变三角波的幅值。

2. 锯齿波产生电路

改变三角波产生电路的正反向积分时间常数就可得到锯齿波产生电路，其电路及波形如图 5-15 所示。

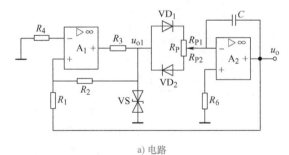

a) 电路

b) 波形

图 5-15　锯齿波产生电路及波形

锯齿波产生电路的结构、工作原理与三角波产生电路相同，借用三角波产生电路的分析结果可得如下参数。

下降时间：$T_\mathrm{H} = 2\dfrac{R_1}{R_2}R_\mathrm{P1}C$

上升时间：$T_\mathrm{L} = 2\dfrac{R_1}{R_2}R_\mathrm{P2}C$

周期：$T = T_\mathrm{L} + T_\mathrm{H} = 2\dfrac{R_1}{R_2}R_\mathrm{P}C$

调整 R_1、R_2 和 R_P 的阻值以及 C 的容量，可以改变振荡周期；调整 R_1 和 R_2 的阻值可以改变锯齿波的幅值；调整电位器的滑动端位置，可以改变锯齿波上升和下降的斜率。

【专项技能训练】

制作多波形信号发生器

结合本项目所学的知识，完成多波形信号发生器的制作。

一、制作前的准备

1. 分析多波形信号发生器的工作原理

（1）方波发生电路 在图 5-1 中，IC_1 等组成的方波发生电路产生的方波信号从 IC_1 的③脚输出，经 R_8 和 R_2 电阻分压后加到波段开关 SA_2 的①位置。

（2）其他波形的发生电路 在电路中，R_4、C_5 组成积分电路产生梯形波，输出至波段开关 SA_2 的②位置；R_5、C_6 组成积分电路产生三角波，输出至波段开关 SA_2 的③位置；R_6、R_{11}、C_2、VT_1 组成正弦波发生电路，其输出波形送至波段开关 SA_2 的④位置。

R_3、R_{10} 和 VT_2 等组成射极输出电路，其输出电压经 C_8 耦合到电位器 R_{P1}，由 R_{P1} 输出上述的 4 种波形。

由于 VT_2 组成的射极跟随器是低阻抗输出，故该信号发生器也是低阻抗的多波形信号发生器。

2. 制作工具和材料

1）制作工具：常用电子组装工具、万用表、双踪示波器、直流稳压电源。

2）根据图 5-1 画出装配图（学生自己绘制）。

3）元器件及材料清单见表 5-1。

表 5-1　元器件及材料清单

元器件符号	名　称	规　格	数　量
R_1、R_2、R_3	碳膜电阻	1kΩ	3
R_4、R_5、R_6	碳膜电阻	10kΩ	3
R_7	碳膜电阻	15kΩ	1
R_8	碳膜电阻	4.7kΩ	1
R_9、R_{10}	碳膜电阻	100Ω	2
R_{11}	碳膜电阻	1MΩ	1
R_{P1}	碳膜电阻	47kΩ	1
C_1、C_2	涤纶电容	10nF	2
C_3、C_4、C_5、C_6	涤纶电容	47nF	4
C_7	涤纶电容	100nF	1
C_8、C_9	电解电容	1μF/16V	2
VT_1、VT_2	晶体管	BC547B	2
IC_1	集成电路	NE555	1
SA_2	开关	4 波段	1
V_{CC}	直流电源	9V	
	焊锡丝		若干
	焊接用细导线		若干
	万能实验板（或面包板）		每人一块

二、识别并检测电路中的元器件

1. 识别并检测电阻、电容

具体步骤如下：

1）从外观上识别电阻，电容，观察电阻、电容有无引脚折断、脱落、松动和损坏情况。

2）用万用表测量电阻的阻值，并与标称值比较，完成表 5-2。

3）用万用表检测电容的好坏，判别极性电解电容的正、负极，完成表 5-3。

表 5-2　识别并检测电阻

电阻编号	识别电阻的标志		实测电阻	判断好坏
	色　环	标称阻值		
R_1、R_2、R_3				
R_4、R_5、R_6				
R_7				
R_8				
R_9、R_{10}				
R_{11}				

表5-3　识别并检测电容

电 容 编 号	外 表 标 注	电容性能好坏
C_1、C_2		
C_3、C_4、C_5、C_6		
C_7		
C_8、C_9		

2. 识别并检测晶体管

具体步骤如下：

1）从外观特征识别晶体管。

2）用万用表对本项目中的晶体管进行检测。

3）将测量结果记录到表5-4中。

表5-4　识别并检测晶体管

编　　号	型　　号	管 型 判 断	β	管 子 好 坏
VT_1				
VT_2				

三、制作多波形信号发生器

1. 元器件的布局与装配

1）按照电路的原理图、装配图和元器件的外形尺寸、封装形式，将元器件在万能实验板上均匀布局。

2）电阻、晶体管均采用水平安装，元器件体紧贴电路板。

3）电容采用垂直安装方式，安装时注意电解电容正、负极。

2. 焊接制作

1）对已完成装配的元器件应仔细检查，包括元器件的位置，确认无误后方可焊接。

2）元器件的安装质量及顺序直接影响电路的质量与调试成功率，按先安装电阻、电容、晶体管，后焊接开关的顺序进行。

3）焊接时应保证焊点无虚焊、漏焊等；检查有没有其他影响安全指标的缺陷等。

3. 通电调试

安装后，接通电源调试。将输出端的信号接入示波器，并把开关拨到不同位置，观察示波器所示的波形。

【技能考核】

项目考核表见表5-5。

表 5-5　项目考核表

学生姓名	教师姓名	名　　称	
		制作多波形信号发生器	
技能训练考核内容		考核标准	得分
仪器使用规范（10 分）		能正确使用万用表、双踪示波器，错误一次扣 2～5 分	
电路中的元器件识别与检测（20 分）		能够正确识别并检测各种元器件，识别错误、检测错误一次扣 2 分	
电路的装配制作（40 分）		按顺序正确装配焊接元器件，顺序不对、工具使用不当一次扣 2 分，损坏元器件，每个扣 2 分	
通电调试（20 分）		通电后成功运行及调试，失败一次扣 10 分	
项目报告（10 分）		字迹清晰、内容完整、结论正确，一处不合格扣 2～5 分	
完成日期	年　　月　　日	总分	

【思考与练习】

5-1　选择题

（1）根据用途为下列题目选择合适电路。

1）制作频率为 20Hz～20kHz 的音频信号发生电路，应选用（　　）。

2）制作频率为 2～20MHz 的接收机的本机振荡器，应选用（　　）。

3）制作频率非常稳定的测试用信号源，应选用（　　）。

A. LC 正弦波振荡电路　　　　　　　　B. 石英晶体正弦波振荡电路

C. RC 桥式正弦波振荡电路

（2）振荡电路的初始输入信号来自（　　）。

A. 信号发生器输出的信号　　　　　　B. 电路接通电源时的扰动

C. 正反馈

（3）振荡电路的振荡频率，通常是由（　　）决定的。

A. 放大倍数　　　　　　　　　　　　B. 反馈系数

C. 稳幅电路参数　　　　　　　　　　D. 选频网络参数

（4）自激振荡是电路在（　　）的情况下，产生了有规则的、持续存在的输出波形的现象。

A. 外加输入激励　　　　　　　　　　B. 没有输入信号

C. 没有反馈信号　　　　　　　　　　D. 没有电源电压

（5）RC 桥式振荡电路中，RC 串并联网络的作用是（　　）。

A. 选频　　　　　　　　　　　　　　B. 引入正反馈

C. 稳幅和引入正反馈　　　　　　　　D. 选频和引入正反馈

（6）在图5-16所示电路中，（　　　）。

A. 将二次绕组的同名端标在上端，可能振荡

B. 将二次绕组的同名端标在下端，就能振荡

C. 将二次绕组的同名端标在上端，可满足振荡的幅度平衡条件

D. 将二次绕组的同名端标在下端，可满足振荡的相位平衡条件

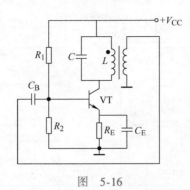

图　5-16

（7）若要将图5-17所示的文氏电桥和放大器组成一个正弦波振荡电路，应按下述（　　　）的方法来连接。

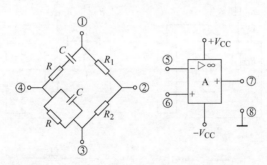

图　5-17

A. ①—⑦，②—⑧，③—⑤，④—⑥　　B. ①—⑤，②—⑧，③—⑦，④—⑥

C. ①—⑦，②—⑥，③—⑧，④—⑤　　D. ①—⑦，③—⑧，④—⑥，②—⑤

5-2　电路如图5-18所示。

（1）为使电路产生正弦波振荡，标出集成运放的"＋""－"端。

（2）电路是哪种正弦波振荡电路？

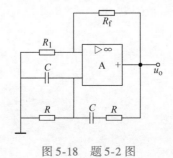

图5-18　题5-2图

147

5-3　判断图5-19所示各电路是否满足正弦波振荡的相位平衡条件。

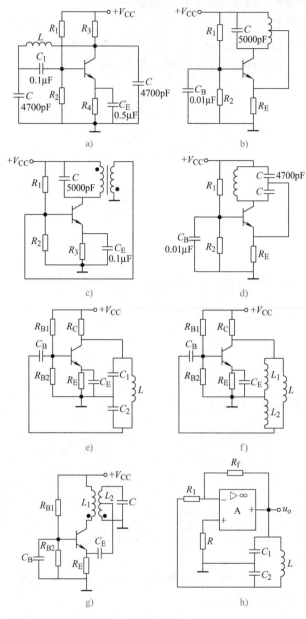

图5-19　题5-3图

项目6 直流稳压电源的认识及应用

电子电路及设备要正常工作，都需要有稳定的直流电源供电。有些情况下是用干电池供电，如收音机、遥控器等，但干电池容量小，不经济。在大多数情况下，直流稳压电源是将电网提供的交流电转换成直流电。

图6-1所示是一个简单实用的线性直流稳压电源电路。该电路可以为电子设备提供+5V电源，当停电时，由电池（+9V）自动给电路供电，使电子设备仍有+5V工作电源。停电时电路自动进行切换而不用继电器，完成后备供电。

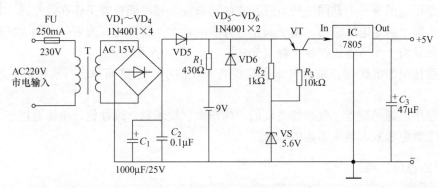

图6-1 直流稳压电源电路

本项目主要介绍小功率直流稳压电源的组成及工作原理，重点介绍整流电路、电容滤波电路及小功率稳压电路，最后简单了解开关稳压电源。

知识目标：

1. 了解直流稳压电源的组成及工作过程。
2. 掌握整流、滤波、稳压电路的工作原理。
3. 了解开关稳压电源的工作原理及特点。

技能目标：

1. 会用仪器、仪表对电路中元器件的性能指标进行调试和测量。
2. 会用万用表检测直流稳压电源电路中的元器件。
3. 能按工艺要求制作、调试直流稳压电源。

任务1 认识直流稳压电源的类型

任务要求：

1. 了解直流稳压电源的类型。
2. 掌握直流稳压电源的组成及特点。

1.1 直流稳压电源的分类

稳压电源分为交流稳压电源和直流稳压电源两大类。直流稳压电源按习惯可分为化学电源、线性稳压电源和开关稳压电源，它们又分别具有各种不同类型。

1. 化学电源

平常所用的干电池，铅酸蓄电池，镍镉、镍氢、锂离子电池均属于这一类，各有其优缺点。随着科学技术的发展，又产生了智能化电池。在充电电池材料方面，用锰的一种碘化物可以制作出便宜、小巧，放电时间长，多次充电后仍保持性能良好的环保型充电电池。

2. 线性稳压电源

线性稳压电源有一个共同的特点就是它的功率放大器件调整管工作在线性区，靠调整管之间的电压降来稳定电压输出。由于调整管静态损耗大，所以需要安装一个很大的散热器给它散热。而且由于变压器工作在工频（50Hz）上，所以质量较大。

线性稳压电源的优点：输出电压稳定性高、纹波小、电路简单、可靠性高、输出连续可调。

线性稳压电源的缺点：效率相对较低、体积大、较笨重。线性稳压电源适用于小功率电源，应用于对电源效率要求不高的场合。

3. 开关稳压电源

与线性稳压电源不同的一类稳压电源就是开关稳压电源，它和线性稳压电源的根本区别在于它的变压器不工作在工频而是工作在几十千赫兹到几兆赫兹，功率放大管不是工作在饱和区就是工作在截止区，即开关状态，开关稳压电源因此而得名。

开关稳压电源具有以下一些特点：

（1）功率小、效率高 线性稳压电源的调整管工作在线性放大状态，功耗大，电源效率低。开关稳压电源的开关管工作在开关状态。开关管饱和导通时，C 和 E 两端的压降接近于零；开关管截止时，集电极电流为零。因此开关管的功率损耗很小，电源效率很高，通常可达到 70% ~ 95%。

（2）稳压范围宽 一般线性稳压电源允许电网电压波动范围为（1 ± 10%）× 220V，而性能优异的开关稳压电源，当电网电压在 90 ~ 270V 范围内变化时，也能获得稳定的整流电压输出。

（3）质量轻、体积小 开关稳压电源对电网的交流电压直接整流滤波，省去了笨重的工频变压器，而且因为开关稳压电源工作频率高，所以滤波电容的容量也可以大大减小。

（4）可靠性高 开关稳压电源效率高，自身产生热量少，散热要求低，低温升，可靠性高。开关稳压电源很容易加入灵敏、可靠的过电压、过电流保护电路，在电源电路或负载电路工作异常时，能快速切断电源，避免故障范围扩大。

（5）易于实现多路电压输出 传统的串联型稳压电源只能输出一路直流电压，而开关稳压电源借助于储能变压器不同匝数线圈可获得不同的直流电压输出。

（6）电磁干扰大 开关稳压电源的缺点（相对线性电源来说）是由于工作频率高，所以开关脉冲产生的电磁干扰大。

开关稳压电源具有以下几种类型：

1）按直流-直流变换方式可分为单端变换式、推挽式、半桥变换式及全桥变换式等。

2）按开关管与负载的连接方式可分为串联型、并联型及变压器耦合型。

3）按输出电压高低可分为降压型、升压型。

4）按稳压控制方式可分为脉冲宽度控制方式和频率控制方式。

5）按对开关管的激励方式可分为自激式和他激式。

6）按使用开关管的类型可分为晶体管型、VMOS 型和晶闸管型。

开关稳压电源适用于对电源效率要求很高的场合。

1.2 线性稳压电源的结构特点

线性稳压电源是一种常
用的电源，在各种电类设备
中大量采用。常用线性稳压
电源的组成框图如图 6-2
所示。

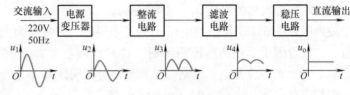

图 6-2 线性稳压电源组成框图

1. 电源变压器

由于各种电子设备所需的直流电压的幅值各不相同，因此，在使用电子设备时就需首先用降压变压器将电网电压降到所需的交流电压值。然后将变换以后的二次电压再去整流、滤波、稳压，最后得到所需的电压幅值。

2. 整流电路

利用二极管的单相导电性，将交流电变成单向变化的脉动直流电。这种直流电幅值变化很大，若作为电源为电路供电，电路的工作状态也会随之变化而影响性能。

3. 滤波电路

将整流后脉动大的直流中脉动成分滤掉，处理成平滑的脉动小的直流电。

4. 稳压电路

稳压电路使输出的直流电不受输入电网电压的波动或负载变化的影响，保持输出直流电压稳定。

任务 2 认识整流电路

任务要求：

1. 了解单相半波整流电路的组成、工作原理。

2. 掌握单相桥式整流电路的组成、工作原理及波形分析。

3. 会估算主要技术指标。

4. 了解选管原则。

5. 掌握电路故障分析方法。

整流电路的作用是将正负交替变化的交流电变成单方向的脉动直流电。整流电路主要由二极管组成。

2.1 单相半波整流电路

1. 电路组成及工作原理

图 6-3 所示为单相半波整流电路。它是最简单的整流电路，由整流变压器 T、整流二极管及负载组成。

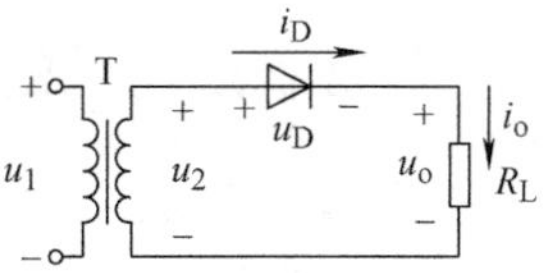

图 6-3 单相半波整流电路

设变压器二次侧的电压 $u_2 = \sqrt{2} U_2 \sin\omega t$。

波形图如图 6-4 所示。当电压 u_2 为正半周时，其极性为上正下负，二极管因承受正向电压而导通。这时负载电阻 R_L 上的电压为 u_o，通过的电流为 i_o。忽略二极管导通时正向压降，则相应有 $u_o = u_2$，$u_D = 0$，$i_o = i_D = u_2/R_L$。

在电压 u_2 的负半周时，二极管因承受反向电压而截止，负载电阻 R_L 上电压为零，则相应有 $u_o = 0$，$u_D = u_2$，$i_o = i_D = 0$。

因为电路中的二极管只在交流的半个周期导通，导通时有电流流过负载，因此该电路被称为半波整流电路。

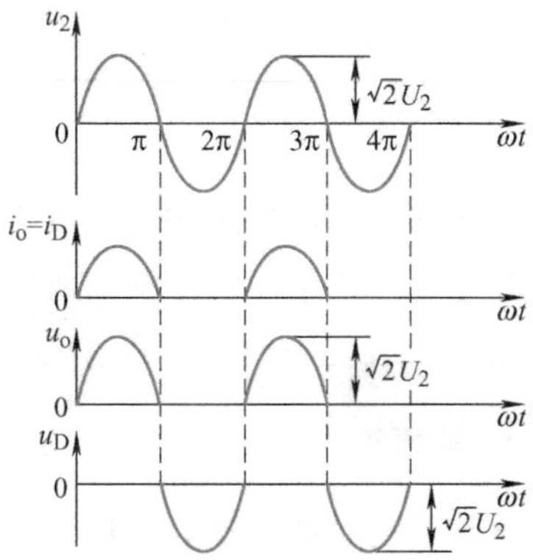

2. 主要技术指标

（1）输出电压平均值　根据图 6-4 可知，输出电压在一个周期内，二极管只在正半周导通，在负载上得到的是半个正弦波。负载上输出电压平均值为

图 6-4 半波整流电路电压与电流波形图

$$U_o \approx 0.45 U_2 \tag{6-1}$$

式中，U_2 为变压器二次侧输出电压的有效值。

（2）流过负载和二极管的电流平均值　流过负载电阻 R_L 的电流平均值为

$$I_o = \frac{U_o}{R_L} \approx 0.45 \frac{U_2}{R_L} \tag{6-2}$$

流过二极管的电流平均值与负载电流平均值相等，即

$$I_D = I_o \approx 0.45 \frac{U_2}{R_L} \tag{6-3}$$

（3）二极管承受的最高反向电压　二极管截止时承受的最高反向电压为 u_2 的最大值，即

$$U_{DRM} = \sqrt{2} U_2 \tag{6-4}$$

3. 选管原则

当整流电路的变压器二次电压有效值和负载电阻值确定之后，电路对二极管参数的要求也就确定了。根据流过二极管的平均电流和二极管所能承受的最高反向电压来选择二极管的型号。

二极管的最大整流电流 $I_F \geqslant I_D$，最大反向工作电压 $U_{RM} \geqslant \sqrt{2}\,U_2$。一般情况下，允许电网电压有 $\pm 10\%$ 的波动。为了保证二极管能安全可靠地工作，在选管时，应至少留有 10% 的余地。

4. 电路的特点

半波整流电路结构简单，使用元器件少。缺点是输出直流电压低，波形脉动大，输出功率小，整流效率低。因此，这种电路仅适合于整流电流较小，对整流性能指标要求不高的场合。

2.2　单相桥式整流电路

为了克服半波整流电路电源利用率低，脉动程度大的缺点。在实用电路中多采用单相全波整流电路，其最常用的形式是单相桥式整流电路。

1. 电路组成

图 6-5 所示为单相桥式整流电路。电路采用了 4 只二极管接成电桥形式。

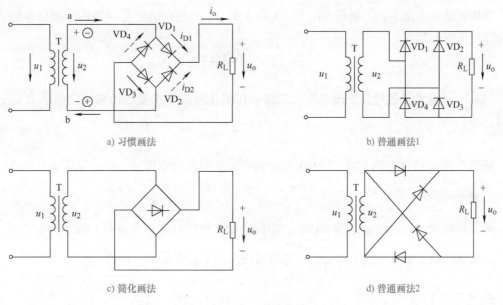

a) 习惯画法　　　　　　　　　　b) 普通画法1

c) 简化画法　　　　　　　　　　d) 普通画法2

图 6-5　单相桥式整流电路

2. 工作原理

设变压器二次侧的电压 $u_2 = \sqrt{2}\,U_2 \sin\omega t$。在变压器二次电压 u_2 的正、负半周（设 a 端为

正，b 端为负时是正半周）内电流通路分别用
图 6-5a 中实线和虚线箭头表示。

　　当 u_2 为正半周，即 a 点为正，b 点为负时，
VD_1、VD_3 因正偏而导通，VD_2、VD_4 因反偏而
截止，此时有电流流过负载 R_L，R_L 上得到一个
半波电压，如图 6-6b 中的 0～π 段所示。若略
去二极管的正向压降，则 $u_o \approx u_2$。

　　当 u_2 为负半周，即 a 点为负，b 点为正时，
VD_1、VD_3 因反偏而截止，VD_2、VD_4 因正偏而
导通，此时有电流流过负载 R_L，R_L 上得到一个
半波电压，如图 6-6b 中的 π～2π 段所示，若
略去二极管的正向压降，$u_o \approx -u_2$。负载 R_L 上
的电压、电流的波形如图 6-6 所示。

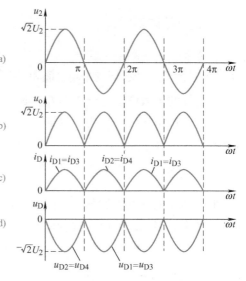

图 6-6　单相桥式整流电路波形图

3. 主要技术指标

（1）输出电压平均值

$$U_o \approx 0.9 U_2 \tag{6-5}$$

（2）流过负载和二极管的电流平均值为

$$I_o = \frac{U_o}{R_L} \approx \frac{0.9 U_2}{R_L} \tag{6-6}$$

　　在桥式整流电路中，二极管 VD_1、VD_3 和 VD_2、VD_4 是两两轮流导通的，所以流经每个
二极管的平均电流为

$$I_D = \frac{1}{2} I_o \approx \frac{0.45 U_2}{R_L} \tag{6-7}$$

　　（3）二极管承受的最高反向电压　　二极管在截止时管子承受的最高反向电压为 u_2 的最
大值，即

$$U_{DRM} = \sqrt{2} U_2 \tag{6-8}$$

同理，在 u_2 的负半周 VD_1、VD_3 也承受同样大小的反向电压。

4. 选管原则

考虑到电网电压的波动范围 ±10%，实际选用二极管时应至少留有 10% 的余量。

二极管的最大整流电流 $I_F \geqslant \frac{1}{2} I_o$，它的最高反向工作电压 $U_{RM} \geqslant \sqrt{2} U_2$。

5. 电路的特点

单相桥式整流电路电源使用效率高，在同样的功率容量条件下，变压器结构简单，输出
脉动小。

缺点：使用二极管的数量较多，由于实际上二极管的正向电阻不为零，必然使电路内阻
较大，增大损耗，影响电源的输出。

6. 电路故障分析

由于桥式整流电路中使用二极管的数量较多，电路容易出现故障。二极管可能出现的故障分析见表6-1。

表 6-1 二极管故障分析

故 障 名 称	故 障 分 析
任一只二极管开路	电路变成半波整流电路，输出电压只有正常时的一半
任一只二极管短路	会造成变压器二次侧短路，二次绕组的电流增大，导致电源变压器回路中的熔丝熔断
不对边二极管开路	电路无输出电压

【例6-1】 如图 6-5a 所示电路中，变压器二次电压有效值 $U_2 = 30\text{V}$，负载电阻 $R_L = 100\Omega$。试问：

(1) 输出电压与输出电流的平均值各为多少？

(2) 若整流桥中的二极管 VD_1 开路或短路，则分别产生什么现象？

解：(1) 根据式(6-5) 可知，输出电压平均值为

$$U_o \approx 0.9U_2 = 0.9 \times 30\text{V} = 27\text{V}$$

根据式(6-6) 可知，输出电流平均值为

$$I_o = \frac{U_o}{R_L} = \frac{27}{100}\text{A} = 0.27\text{A}$$

(2) 若 VD_1 开路，则电路仅能实现半波整流，因而输出电压平均值仅为原来的一半。若 VD_1 短路，则在 u_2 的负半周变压器二次电压全部加在 VD_2 上，VD_2 将因电流过大而烧坏，且若 VD_2 也短路，则有可能烧坏变压器。

【例6-2】 有一单相桥式整流电路，要求输出40V 的直流电压和2A 的直流电流，交流电源电压为220V，试选择整流二极管。

解：变压器二次电压的有效值为 $U_2 = U_o/0.9 = 44.4\text{V}$。

二极管承受的最高反向电压为 $U_{RM} = \sqrt{2}U_2 = 62.8\text{V}$。

二极管的平均电流为 $I_D \approx I_o/2 = 1\text{A}$。

查阅半导体器件手册，可选择 2C256C 型硅整流二极管。该管的最高反向工作电压是100V，最大的整流电流是3A。

7. 认识桥堆

为了使用方便，现已生产出桥式整流的组合器件——硅整流组合器件，又叫桥堆，它是将桥式整流电路的四只硅整流二极管接成桥式电路制成为一个整体，再用环氧树脂（或绝缘塑料）封装而成的半导体器件。桥堆有四个引线端，其中两个标有"～"符号的引出端，是交流电源输入端，另两个引出端为直流电压输出端，接负载端。桥堆外形图如图 6-7 所示。桥堆使用方便，在实际中应用较为广泛。

桥堆有交流输入端（A、B）和直流输出端（C、D），桥堆引脚如图 6-8 所示。采用判定二极管好坏的方法可以检查桥堆的质量。从图中可看出，交流输入端 A－B 之间总会有一只二极管处于截止状态使 A－B 间总电阻趋向于无穷大。直流输出端 D－C 间的正向压降则

等于两只硅二极管的压降之和。因此，用数字万用表的二极管档测 A - B 的正、反向电压时均显示溢出，而测 D - C 时显示大约 1V，即可证明桥堆内部无短路现象。如果有一只二极管已经击穿短路，那么测 A - B 的正、反向电压时，必定有一次显示 0.5V 左右。

图 6-7　桥堆外形图

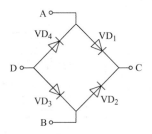

图 6-8　桥堆引脚

由于整流电路的结构不同，它们的性能也有所不同。表 6-2 给出了几种常见整流电路。

表 6-2　几种常见的整流电路

电路	![电路图1]	![电路图2]	![电路图3]	![电路图4]
整流电压 u_o 的波形	![波形1]	![波形2]	![波形3]	![波形4]
整流电压平均值 U_o	$0.45U_2$	$0.9U_2$	$0.9U_2$	$1.17U_2$
流过二极管的电流平均值 I_D	I_o	$I_o/2$	$I_o/2$	$I_o/3$
二极管承受的最高反向电压 U_{DRM}	$\sqrt{2}\,U_2$	$2\sqrt{2}\,U_2$	$\sqrt{2}\,U_2$	$\sqrt{3}\times\sqrt{2}\,U_2$
变压器二次电流有效值 I	$1.57I_o$	$0.79I_o$	$1.11I_o$	$0.59I_o$

任务3　认识滤波电路

任务要求：

1. 掌握电容滤波电路的组成、工作原理。
2. 会估算主要技术指标。
3. 了解选管原则。

交流电经过整流变成脉动的直流电后还不能直接加到电子电路中，因为其中有大量的交流成分（称为纹波电压），必须通过滤波电路滤波后，获得平滑的直流电压才能加到电子电路中。

滤波电路一般由电容、电感组成，如在负载两端并联电容 C，或与负载串联电感 L，以及由电容、电感组成各种复式滤波电路。

常用的滤波电路有电容滤波电路、电感滤波电路及复式滤波电路。

3.1　电容滤波电路

电容滤波电路是最简单的滤波电路，它由在整流电路输出端的负载并联一个电容 C 组成，因滤波电容容量较大，因此一般采用电解电容，接线时要注意电解电容的正、负极性。现以单相半波整流电容滤波电路为例，分析其工作原理。单相半波整流电容滤波电路及其波形如图6-9所示。

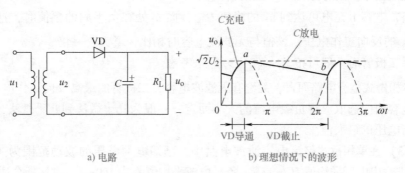

a) 电路　　　　　b) 理想情况下的波形

图6-9　单相半波整流电容滤波电路及其波形

1. 有负载（电阻）情况

当接通电源，u_2 处于正半周，即 $u_2 > 0$ 时，VD 导通，电源在向负载 R_L 供电的同时又向电容充电，输出电压为 $u_o = u_2$。当 u_C 达到最大值 $\sqrt{2}\,U_2$ 后，u_2 开始下降，$u_2 < u_C$ 时，VD 反偏截止，由电容 C 向 R_L 放电，放电的时间常数为

$$\tau_d = R_L C$$

电容如此不断地充电、放电，使负载获得如图6-9b中实线所示的 u_o 波形。

2. 空载情况

电容 C 迅速被充电到交流电压 u_2 的最大值，此后，二极管均截止，电容不可能放电，

故输出电压 U_o 恒为 $\sqrt{2}U_2$。

总之，R_L 越小，输出平均电压越低。因此，电容滤波电路适用于负载电流较小且其变化也较小的场合。

通常，输出电压平均值可按下述公式估算取值。

半波整流：

$$U_o \approx U_2 \qquad (6-9)$$

全波整流：

$$U_o \approx 1.2U_2 \qquad (6-10)$$

3.2 单相桥式整流电容滤波电路

在单相桥式整流电路和负载电阻 R_L 间并联入一个电容，如图 6-10 所示。

负载上输出的平均电压为

$$U_o \approx 1.2U_2 \qquad (6-11)$$

为了获得较好的滤波效果，在实际电路中，一般要求滤波电容的容量满足 $R_L C \geqslant (3 \sim 5)T/2$（$T$ 是电网电压的周期，为 0.02s）的条件。由于采用的是电解电容，考虑到电网电压的波动范围为 $\pm 10\%$，电容的耐压值应大于 $1.1\sqrt{2}U_2$。在半波整流电路中，要考虑到最严重的情况是

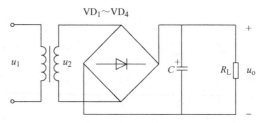

图 6-10　单相桥式整流电容滤波电路

输出端开路，电容上充电可达到 u_2 的峰值 U_{2M}，而 u_2 处在负半周的幅值时，这时二极管承受了 $2\sqrt{2}U_2$ 的反向工作电压。该值与无滤波电容时相比，增大了一倍。

在选择二极管时一般可按 $I_D = (2 \sim 3)I_o$ 来考虑。

对于单相桥式整流电路而言，无论有无滤波电容，二极管的最高反向工作电压都是 $\sqrt{2}U_2$。关于滤波电容值的选取应视负载电流的大小而定，一般为几十微法到几千微法，电容耐压值应大于输出电压的最大值。

【例 6-3】 在单相桥式整流电容滤波电路中，已知电网电压的波动范围为 $\pm 10\%$，$U_o \approx 1.2U_2$。要求输出电压平均值 $U_o = 15\text{V}$，负载电流平均值 I_L 为 100mA。试选择合适的滤波电容。

解： 根据 $U_o \approx 1.2U_2$ 可知，C 的取值满足 $R_L C \geqslant (3 \sim 5)T/2$ 的条件。

$$R_L = \frac{U_o}{I_L} = \frac{15}{100 \times 10^{-3}}\Omega = 150\Omega$$

电容的容量为

$$C = (3 \sim 5)\frac{T}{2} \times \frac{1}{R_L} = (3 \sim 5)\frac{0.02}{2} \times \frac{1}{150}\text{F} = 200 \sim 333\mu\text{F}$$

变压器二次电压有效值为

$$U_2 \approx \frac{U_o}{1.2} = \frac{15}{1.2}\text{V} = 12.5\text{V}$$

电容的耐压值为

$$U > 1.1\sqrt{2}U_2 = 1.1\sqrt{2} \times 12.5\text{V} \approx 19.5\text{V}$$

3.3　单相桥式整流电感滤波电路

在大电流负载情况下，由于负载电阻 R_L 很小，若采用电容滤波电路，则电容容量势必

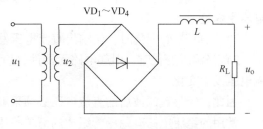

很大，而且整流二极管的冲击电流也非常大，这就使得整流管和电容的选择变得很困难，此情况下应当采用电感滤波电路。在单相桥式整流电路与负载电阻之间串联一个电感线圈 L 就构成了单相桥式整流电感滤波，如图 6-11 所示。由于电感线圈的电感量要足够大，所以一般需要采用有铁心的线圈。

图 6-11　单相桥式整流电感滤波电路

在线圈电阻可忽略的情况下，电感滤波电路输出的电压平均值为

$$U_o \approx 0.9 U_2$$

电感滤波电路适用于电压低、负载电流较大的场合，如工业电镀等。

3.4　复式滤波电路

为进一步提高滤波效果，可将电感、电容和电阻组合起来，构成复式滤波电路，常见的有 LC 型、$\pi - RC$ 型和 $\pi - LC$ 型复式滤波电路，如图 6-12 所示。

图 6-12a 在滤波电容 C 之前串联一个电感 L，构成了 LC 型滤波电路。该电路可使输出至负载 R_L 上的电压的交流成分进一步降低。该电路适用于高频或负载电流较大，并要求脉动很小的电子设备中。

为了进一步提高整流输出电压的平滑性，可以在 LC 滤波电路之前再并联一个滤波电容 C_1，如图 6-12b 所示，这就构成了 $\pi - LC$ 滤波电路。

由于带有铁心的电感线圈体积大，价格也高，因此常用电阻 R 来代替电感 L 构成 $\pi - RC$ 滤波电路，如图 6-12c 所示。只要适当选择 R 和 C 的参数，在负载两端可以获得

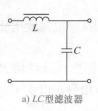 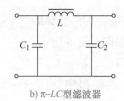 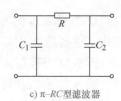

a) LC型滤波器　　　　b) $\pi-LC$型滤波器　　　　c) $\pi-RC$型滤波器

图 6-12　复式滤波电路

脉动极小的直流电压，该类型滤波电路在小功率电子设备中被广泛采用。

任务4　认识稳压电路

任务要求：

1. 掌握稳压管组成的稳压电路的工作原理。
2. 会估算电路中各不同点的电压值。
3. 掌握三端式集成稳压器的工作原理及其应用。

4. 了解开关稳压电路的组成特点及应用。

经过整流、滤波后，电路输出的直流电压虽然平滑程度较好，但是其稳定性较差，其原因主要有以下几个方面：

1）由于输入电压（市电）不稳定（通常交流电网允许 ±10% 的波动），导致输出直流电压不稳定。

2）当负载 R_L 变化时，使输出直流电压发生变化。

3）当温度变化时，引起电路元器件（特别是半导体器件）参数发生变化，导致输出直流电压发生变化。

因此，经整流滤波后的直流电压必须采取一定的稳压措施，才能适合电子设备的需要。常用的稳压电路有稳压管组成的简单稳压电路、集成稳压电路和开关稳压电路。

4.1　稳压管稳压电路

1. 电路组成

稳压管稳压电路是利用稳压管的反向击穿特性实现稳压的。它是最简单的稳压电路，如图 6-13 所示，经整流、滤波后得到的直流电压为稳压电路的输入电压 U_I，稳压管二极管 VS 和限流电阻 R 组成稳压电路，输出电压为 U_o。

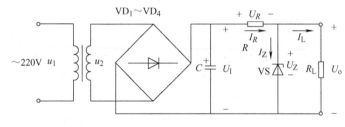

图 6-13　稳压管稳压电路

2. 工作原理

VS 工作在反向击穿区。VS 击穿后，VS 中的反向电流发生变化时，VS 两端的电压不会变化，也就是 R_L 两端的电压获得稳定。

图 6-13 中有 $I_R = I_Z + I_L$，$U_I = U_R + U_o$。当电网电压波动而 R_L 未变动时，若电网电压上升，输入电压 U_I 升高，则输出电压 U_o 将有升高趋势，由于 $U_o = U_Z$，根据稳压管的特性，U_Z 的增大将使稳压管电流 I_Z 急剧增大，I_R 也必然随之急剧增大，电阻 R 上的压降 U_R 也会急剧升高，U_R 的增大必将使输出电压 U_o 减小。只要参数选择合适，U_R 的增量就可以与 U_I 的增量近视相等，从而使 U_o 保持不变。上述过程可表述如下：

$$U_I \uparrow \rightarrow U_o(U_Z) \uparrow \rightarrow I_Z \uparrow \rightarrow I_R \uparrow \rightarrow U_R \uparrow \rightarrow U_o \downarrow$$

当电网电压下降时，各电量的变化与上述过程相反。

可见，当电网电压变化时，稳压电路通过限流电阻 R 上的电压变化来抵消 U_I 的变化，从而使 U_o 保持不变。

当电网电压未波动而负载 R_L 变动时，若 R_L 减小，则负载电流 I_L 增大，导致 I_R 增大，U_R 也增大，因为 U_I 不变，所以 U_o 必然下降，即 U_Z 减小。根据稳压管的特性，U_Z 的减小将使稳压管电流 I_Z 急剧减小，I_R 也必然随之急剧减小。U_R 的减小必将使输出电压 U_o 增大。只要参数选择合适，就可以使 U_o 保持不变。上述过程可表述如下：

$$I_{\mathrm{L}}\uparrow \to I_R\uparrow \to U_R\uparrow \to U_{\mathrm{o}}(U_Z)\downarrow \to I_Z\downarrow \to I_R\downarrow \to U_R\downarrow \to U_{\mathrm{o}}\uparrow$$

综上所述，在稳压二极管所组成的稳压电路中，利用稳压管所起的电流调节作用，通过限流电阻 R 上电压或电流的变化进行补偿，来达到稳压的目的。

3. 元器件的选择

为了使稳压电路正常工作，就要合理选择电路元器件的有关参数。首先应知道负载所要求的输出电压 U_{o}、负载电流 I_{L} 的最小值 I_{Lmin} 和最大值 I_{Lmax}、输入电压 U_{I} 的波动范围（一般为 $\pm 10\%$）。

（1）稳压管型号的确定　稳压管型号的选择要看稳压管的稳压值 U_Z 和最大电流 $I_{Z\max}$。一般选取 $U_Z = U_{\mathrm{o}}$、$I_{Z\max} = (1.5 \sim 3) I_{\mathrm{Lmax}}$ 的稳压管。

（2）输入电压 U_{I} 的确定　考虑电网电压的变化，U_{I} 可按下式选择：

$$U_{\mathrm{I}} = (2 \sim 3) U_{\mathrm{o}}$$

（3）限流电阻的选择　当输入电压最小，负载电流最大时，流过稳压管的电流最小，由此可计算出限流电阻的最大值，即

$$R_{\max} = \frac{U_{\mathrm{Imin}} - U_Z}{I_{Z\min} + I_{\mathrm{Lmax}}} \tag{6-12}$$

当输入电压最大，负载电流最小时，流过稳压管的电流最大，由此可计算出限流电阻的最小值，即

$$R_{\min} = \frac{U_{\mathrm{Imax}} - U_Z}{I_{Z\max} + I_{\mathrm{Lmin}}} \tag{6-13}$$

实际限流电阻的阻值应介于最大值和最小值之间，即 $R_{\min} < R < R_{\max}$。

稳压二极管稳压电路结构简单、调试方便、成本低廉。但受稳压管最大电流限制，不能任意调节输出电压，电路受温度的影响较大，稳压精度差。所以只适用于输出电压不需要调节，负载电流小，要求不是很高的场合。

【例6-4】如图6-13所示电路中，已知 $U_{\mathrm{I}} = 15\mathrm{V}$，稳压管的稳定电压 $U_Z = 6\mathrm{V}$，最小稳定电流 $I_{Z\min} = 5\mathrm{mA}$，最大值稳定电流 $I_{Z\max} = 40\mathrm{mA}$，负载电流为 $10 \sim 20\mathrm{mA}$，求限流电阻 R 的取值范围。

解：根据式（6-12）和式（6-13）得

$$R_{\max} = \frac{U_{\mathrm{Imin}} - U_Z}{I_{Z\min} + I_{\mathrm{Lmax}}} = \frac{15 - 6}{5 + 20} \times 10^3 \Omega = 360\Omega$$

$$R_{\min} = \frac{U_{\mathrm{Imax}} - U_Z}{I_{Z\max} + I_{\mathrm{Lmin}}} = \frac{15 - 6}{40 + 10} \times 10^3 \Omega = 180\Omega$$

因此，R 的取值范围是 $180 \sim 360\Omega$。

4.2　集成稳压器

与分立元器件组成的稳压器相比，集成稳压器具有体积小、性能好、工作可靠及使用简单等优点，适合在各种电子设备中作为电压稳定器。

集成稳压器在稳压电源中应用广泛，种类主要有三端固定式稳压器和三端可调式稳压器两种。

1. 三端固定式稳压器及应用

（1）三端固定式稳压器　三端固定式稳压电器有 W7800、W7900 系列。7800 系列为正电压输出，7900 系列为负电压输出。其中型号后面的两个数字表示输出电压值。例如 7805 指输出电压是 +5V。型号中有 T、M、L 等字母表示输出电流的大小，未加字母的输出电流为 1.5A。在 78、79 前面的字母（前缀）表示不同生产公司的代号。我国采用 CW，其他有 MC（MOTOROLA 公司）、TA（东芝公司）、UC（UNITROD 公司）等。7900 系列在输出电压档次、电流档次等方面与 W7800 的规定都一样，只不过是负电压输出。三端固定式稳压器的参数见表 6-3。

表 6-3　三端固定式稳压器的参数

系　列	输出电流/A	输出电压/V
78LXX	0.1	5、6、9、12、、15、18、24
78MXX	0.5	5、6、9、12、、15、18、24
78XX	1.5	5、6、9、12、、15、18、24
78TXX	3	5、12、18、24
78HXX	5	5、12
78PXX	10	5

根据稳压器本身功耗的大小，固定式稳压器系列产品的常见封装形式有 TO-3（金属封装）和 TO-220（塑料封装），二者的最大功耗分别为 20W（加散热器）和 10W。三端固定式稳压器的封装、引脚排列和符号如图 6-14 所示。

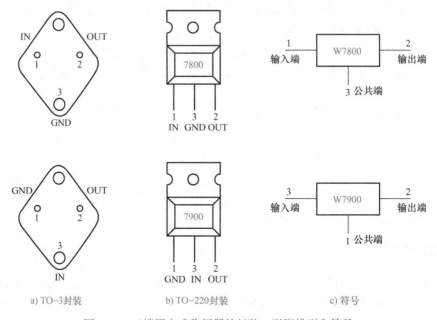

a) TO-3封装　　　　　b) TO-220封装　　　　　c) 符号

图 6-14　三端固定式稳压器的封装、引脚排列和符号

（2）W7800 系列产品的应用电路

1）基本应用电路。W7800 系列的基本应用电路如图6-15 所示。输出电压取决于集成稳压电路，所以输出电压为12V，最大输出电流为1.5A。为使电路正常工作，要求输入电压 U_I 比输出电压 U_o 至少大 $2.5 \sim 3V$。

在三端集成稳压器的输入、输出端，并接高频旁路电容。C_1 为输入电容，用于抵消因输入端线路较长而产生的电感效应，能防止电路产生自激振荡，其容量较小，一般小于 $1\mu F$。C_2 为输出电容，用于消除输出电压中的高频噪声，可取小于 $1\mu F$ 的容量，也可取几微法甚至几十微法的电容，以便输出较大的脉冲电流。电路中当输出电容 C_2 较大时，必须在输入端和输出端之间跨接一个保护二极管 VD，否则，一旦输入端断开，C_2 将从稳压器输出端向稳压器放电，损坏稳压器。

2）正负电压输出稳压电路。采用两只不同型号的三端集成稳压器，可组合成一种正负对称输出电压的稳压电源，电路如图6-16 所示。

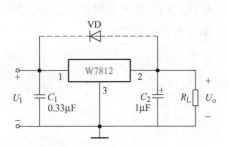

图6-15 W7812 基本应用电路

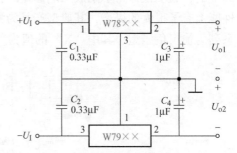

图6-16 正负电压输出稳压电路

3）扩大输出电压电路。扩大输出电压电路如图6-17 所示。图6-17a 中输出电压 $U_o = U_{XX} + U_Z$，图6-17b 中输出电压 $U_o = U_{XX} + U_{R2}$。

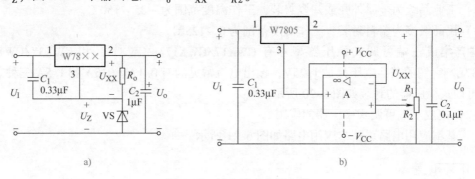

a)

b)

图6-17 扩大输出电压电路

4）扩大输出电流电路。扩大输出电流电路如图6-18 所示。I_{oXX} 为稳压集成块标称电流值，取 $R_1 = U_{BE1}/I_{oXX}$，则

$$I_o = I_{oXX} + I_{C1}$$

5）恒流源电路。恒流源电路如图6-19 所示。以 W7805 为例，负载 R_L 上的电流应为 I 与 I_W 之和，即

$$I_o = I_W + I = I_W + \frac{5V}{R_o}$$

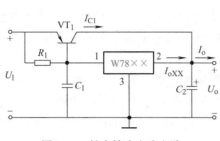

图 6-18　扩大输出电流电路

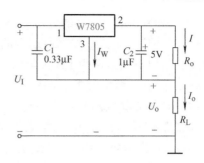

图 6-19　恒流源电路

2. 三端可调式稳压器及应用

（1）集成三端可调式稳压器　集成三端可调式稳压器是由集成三端固定式稳压器发展而来的，其不仅保留了集成三端固定式稳压器的优点，弥补了固定式稳压器的不足，而且在性能上有了很大的提高，其典型产品为集成 X17 和 X37 系列。X17 系列为输出正压型，X37 系列为输出负压型，其中"X"的值为"1""2""3"。型号含义具体如下：

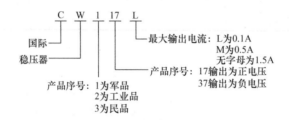

它们的使用级别不同，使用环境温度也不同。

1）军品级为金属外壳或陶瓷封装，工作温度范围为 $-55 \sim 150℃$。

2）工业品级为金属外壳或陶瓷封装，工作温度范围为 $-25 \sim 150℃$。

3）民品级多为塑料封装，工作温度范围为 $0 \sim 125℃$。

国产集成三端可调式稳压器型号有 CWX17/CWX17M/CWX17L 和 CWX37/CWX37M/CWX37L。它们的基准电压都是 1.25V，输出电流常见的有 0.1A、0.5A 和 1.5A 三种。集成三端可调式稳压器的封装如图 6-20 所示。

（2）集成三端可调式稳压器的应用

1）基本应用电路。基本应用电路如图 6-21 所示。

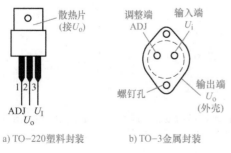

图 6-20　集成三端可调式稳压器的封装

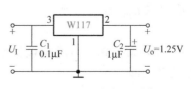

图 6-21　基本应用电路

基本应用电路输出电压很稳定，输出电压为 1.25V，最大输出电流可达 1.5A。

2）可调稳压电路。图 6-22 中 R 为泄放电阻，一般可取 240Ω，为了减少 R_P 上的纹波电压，为其并接一个 $10\mu F$ 的电容 C_3。在输出开路时，C_3 将向稳压器的调整端放电，为了保护稳压器，可加上 VD_1，提供一个放电回路。VD_2 为保护二极管，其作用与图 6-15 中 VD 的作用相同。

为了使电路正常工作，一般输出电流不小于 5mA。由于调整端的输出电流非常小，故可忽略，那么该电路的可调输出电压可用下式表示：

$$U_o \approx \left(1 + \frac{R_P}{R}\right) \times 1.25V$$

3）恒流源 LED 驱动电路。图 6-23 是一个由 LM317 构成的恒流源 LED 驱动电路。

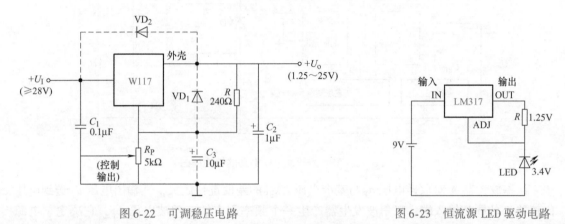

图 6-22　可调稳压电路　　　　　　图 6-23　恒流源 LED 驱动电路

无论 LM317 芯片 ADJ（调整端）引脚的电压是多少，LM317 都会将它的输出电压保持在 1.25V。只要电阻 R 值固定，流过 LED 的电流就恒定不变。

3. 稳压器散热问题

稳压器自身最大的耗散功率 $P_{DM} = (U_I - U_o)I_{omax}$，在 $U_I - U_o$ 及工作电流较大时，应采用散热器，一般可用 P_{DM} 来作为选用散热器的标准，安装时加绝缘片及涂些导热硅脂。

由于 78/79 系列的 $U_I - U_o \geqslant 3V$，所以它不适用于电池供电的稳压电源。另外，特别要提出的是 78 系列与 79 系列的引脚排列是不同的，引脚搞错会损坏器件。在电流较大时（如 1.5A），印制电路板设计要有足够的宽度，并且 C_1 及 C_2 应尽可能靠近稳压器。

4.3　开关稳压电路

前面介绍的稳压电路属于线性稳压电路，具有输出稳定度高、输出电压可调、波纹系数小、线路简单、工作可靠等优点，而且有多种集成稳压器供选用，是目前应用最广泛的稳压电路。但是，这种稳压电路的调整管总是工作在放大状态，一直有电流流过，故管子的功耗较大，电路的效率不高，一般只能达到 30%～50%。

开关稳压电路则能克服上述缺点。在开关稳压电路中，调整管工作在开关状态，管子交替工作在饱和与截止两种状态中。在输出功率相同条件下，开关稳压电路比线性稳压电路的效率高。由于电路自身消耗的功率小，有时连散热片都不用，故体积小、重量轻。

1. 常用开关稳压电路的工作原理

（1）串联型开关稳压电路　串联型开关稳压电路是最常用的开关稳压电路。图 6-24 是一种串联型开关稳压电路的结构框图。图中，输入电压 U_I 是未经稳压的直流电压；VT 为开关调整管，受开关脉冲激励，工作在截止与饱和状态，它与负载 R_L 串联；VD 为续流二极管；L、C 构成滤波器；R_1 和 R_2 组成取样电路；A 为误差放大器，C 为电压比较器，它们与基准电压源、三角波发生器组成开关调整管的控制电路。因为开关调整管、储能电感及负载三者串联，故称其为串联型开关稳压电路。

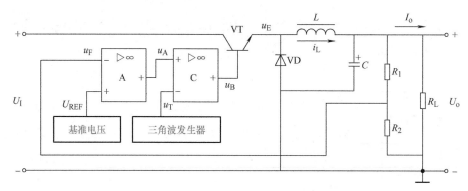

图 6-24　串联型开关稳压电路的结构框图

误差放大器 A 对取样电压 u_F 与基准电压 U_{REF} 的差值进行放大，其输出电压 u_A 送到电压比较器 C 的同相输入端。三角波发生器产生一个频率固定的三角波电压 u_T，它决定了电源的开关频率。u_T 送至电压比较器 C 的反相输入端与 u_A 进行比较，当 $u_A > u_T$ 时，电压比较器 C 输出电压 u_B 为高电平，开关管饱和导通，输入电压经 VT 和 L 给 C 充电，一方面使滤波电容 C 建立起直流电压，另一方面使储能电感 L 中的磁场能量不断增长。当 $u_A < u_T$ 时，电压比较器 C 输出电压 u_B 为低电平，开关管截止，L 感应出"右正左负"极性的电动势，续流二极管 VD 导通，L 中的磁场能量经 VD 向 C 及负载释放，使 C 上的直流电压更平滑。

u_B 为矩形波，控制开关调整管 VT 的导通和截止。实际中，输出电压 U_o 通过取样电阻反馈给控制电路来改变开关调整管的导通与截止时间，以保证输出电压的稳定。图 6-25 是串联型开关稳压电路电压及电流波形图。

串联型开关稳压电路的优点是不管开关管是饱和还是截止，滤波电容 C 均有能量补充，输出电压较平滑，带负载能力较强。缺点是若开关管的 C-E 极击穿短路，则输入电压 U_I 会全部加到负载上，使输出电压过高。

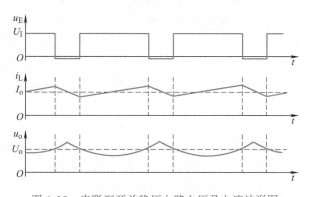

图 6-25　串联型开关稳压电路电压及电流波形图

（2）并联型开关稳压电路　并联型开关稳压电路的基本电路及工作波形如图 6-26 所示。

图中，VT 为开关功率管，VD 为续流二极管，L 为储能电感，C 为输出电压滤波电容，R_L 为负载。所谓并联型是指开关管或储能电感与负载并联。

基本工作过程如下：当开关功率管 VT 饱和时，续流二极管 VD 截止，L 中的电流线性增大，即储存的磁场能量增大。当 VT 截止时，L 感应电动势极性为"右正左负"，此感应电动势与 U_i 相加，使 VD 导通，并给 C 充电及向负载提供电能，使输出电压大于输入电压，成为升压型开关电源。

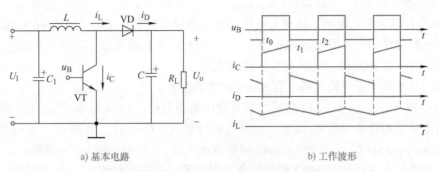

a) 基本电路 b) 工作波形

图 6-26　并联型开关稳压电路的基本电路及工作波形

并联型开关稳压电路的缺点是只有当开关功率管 VT 截止时，滤波电容 C 才有能量补充，故输出电压的平滑性差一些；且对开关功率管的耐压要求比串联型的高。优点是开关功率管的 C—E 极一旦击穿短路，不会产生输出电压过高的现象；输出电压控制范围也较串联型的宽一些。

*2. 集成开关稳压器的应用

采用集成开关稳压器是开关稳压电源发展的一个重要方向，它使电路简化、使用方便、工作可靠、性能稳定，我国已经系列生产开关稳压电源的集成开关稳压器，它将基准电压源、三角波电压发生器、比较放大器和脉宽调制式电压比较器等电路集成在一块芯片上，称为集成脉宽调制器。

集成开关稳压器的品种繁多，应用也十分广泛。

（1）基于 UC3842 构成的开关稳压电源　UC3842 是一款单电源供电，带电流正向补偿，单路调制输出的高性能固定频率电流型控制集成稳压器，可直接驱动双极型晶体管和 MOSFEF 等功率型半导体器件，具有引脚少、外围电路简单、安装调试简便、性能优良等诸多优点，广泛应用于计算机、显示器等系统电路中作为 100W 以下开关电源驱动器件。图 6-27 所示为 UC3842 内部框图和引脚图，UC3842 采用固定工作频率脉冲宽度可控调制方式，共有 8 个引脚，各引脚功能如下：

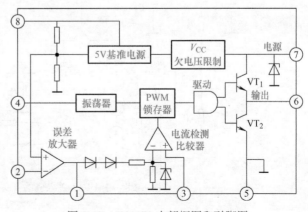

图 6-27　UC3842 内部框图和引脚图

167

①脚是误差放大器的输出端，外接阻容元件，用于改善误差放大器的增益和频率特性。

②脚是反馈电压输入端，此脚电压与误差放大器同相端的 2.5V 基准电压进行比较，产生误差电压，从而控制脉冲宽度。

③脚为电流检测输入端。

④脚为定时端。

⑤脚为公共地端。

⑥脚为推挽输出端，驱动能力为 ±1A。

⑦脚是直流电源供电端，具有欠电压、过电压锁定功能，芯片工作时耗电约为 15mW。开关稳压电源起动的时候需要在该引脚加一个不低于 16V 的电压，芯片工作后，输入电压可以在 10~30V 之间波动，低于 10V 时停止工作。

⑧脚为 5V 基准电压输出端，有 50mA 的负载能力。

如图 6-28 所示为由 UC3842 组成的开关稳压电源电路，220V 市电由 C_1、L_1 滤除电磁干扰，负温度系数的热敏电阻 R_{t1} 限流，再经过桥堆整流，C_2 滤波，电阻 R_1、电位器 R_{P1} 降压后到 UC3842 的供电端⑦脚，为 UC3842 提供启动电压，电路启动后变压器的二次绕组③④的整流滤波电压一方面为 UC3842 提供正常工作电压，另一方面经 R_3、R_4 分压加到误差放大器的反相输入端②脚，为 UC3842 提供反馈电压。④脚和⑧脚外接的 R_6、C_8 决定了振荡频率，其振荡频率的最大值可达 500kHz。R_5、C_6 用于改善增益和频率特性。⑥脚输出的方波信号经 R_7、R_8 分压后驱动 MOSFEF 功率管，变压器的一次绕组①②的能量传递到二次侧各绕组，经整流滤波后输出各数值不同的直流电压供负载使用。电阻 R_{10} 用于电流检测，经 R_9、C_9 滤波后送入 UC3842 的③脚形成电流反馈。因此由 UC3842 构成的电源是双闭环控制系统，电压稳定度非常高，当 UC3842 的③脚电压高于 1V 时，振荡器停振，保护功率管不至于过电流而损坏。

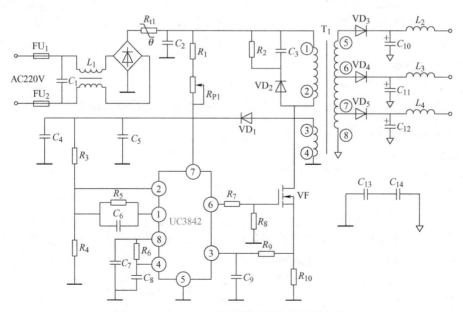

图 6-28　由 UC3842 组成的开关稳压电源电路

（2）基于 L4960 构成的单片式开关稳压电源 L4960 是一种被誉为高效节能的单片式集成开关稳压器，电源效率可达 90% 以上。其引脚排列如图 6-29 所示。

图 6-30 是由 L4960 构成的 +5 ~ +40V 开关稳压电源电路原理图。交流 220V 电压经过变压器降压、桥式整流和滤波得到直流电压 U_i 输入 L4960 的 1 脚，在 L4960 内部软启动电路的作用下，输出电压逐步上升。当整个内部电路工作正常后，输出电压在 R_3、R_4 取样后送到 2 脚，在内部误差放大器中与 5.1V 基准电压进行比较，得到误差电压，再用误差电压的幅度去控制 PWM 比较器输出的脉冲宽度，经过功率输出级放大和降压式输出电路（由 L、VD、C_6 和 C_7 构成）使输出电压 U_o 保持不变。

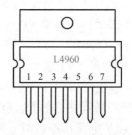

图 6-29 L4960 引脚排列

在 L4960 的 7 脚得到的是功率脉冲调制信号，该信号为高电平（L4960 内部开关功率管导通）时，除了向负载供电之外，还有一部分电能存储在 L 和 C_6、C_7 中，此时续流管 VD 截止。当功率脉冲调制信号为低电平（开关功率管截止）时，VD 导通，存储在 L 中的电能就经过由 VD 构成的回路向负载放电，从而维持输电压 U_o 不变。

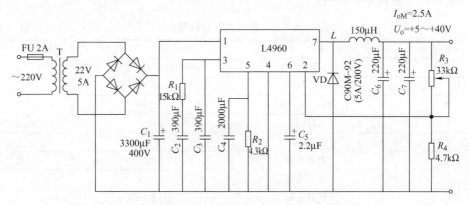

图 6-30 由 L4960 构成的单片式开关稳压电源电路

【专项技能训练】

制作直流稳压电源

结合本项目所学的知识，完成直流稳压电源的制作。

一、制作前的准备

1. 分析直流稳压电源的工作过程

图 6-1 所示电路是由桥式整流电路、电容滤波电路、三端集成稳压器 7805 组成的具有 +5V 输出的电源电路。

当 220V 交流市电正常时，电源电压经变压器 T 变压后，从二次侧输出约 15V 交流低压，该电压经 VD_1 ~ VD_4 桥式整流、C_1 滤波，得到的电压经隔离二极管 VD_5 后分为两路：一路通过 VT 管到 IC 稳压，得到 5V 直流电压；另一路通过电阻 R_1 对镍镉电池（9V）进行充电，充电电流约为 40mA。

如果停电，电容 C_1 放电为 0V，这时，镍镉电池自动给电路供电，完成后备电源的功能。

提示： 二极管 VD₅ 起隔离作用，在交流市电停电时，阻止电池电流流向整流桥堆，稳压管 VS（5.6V）的作用是防止电池（+9V）过放电，即当电池放电下降到约为 6V 时，因 VS 的作用，VT 截止，电池放电停止。

该电源可以作为单片机电源电路，单片机（微控制器）常用于生产现场作控制电路。生产现场若突然断电，有时会使单片机运行数据丢失。电路在电网有电时，可以为单片机提供 +5V 电源；停电时，由电池（+9V）自动给电路供电，使单片机仍有 +5V 工作电源。停电时电路自动进行切换而不用继电器，完成后备供电。

2. 制作工具和材料

1）制作工具：常用电子组装工具、万用表、双踪示波器、信号发生器。

2）根据图 6-1 画出装配图（学生自己绘制）。

3）元器件及材料清单见表 6-4。

表 6-4　元器件及材料清单

元器件符号	名　称	规　格	数　量
T	电源变压器	220V/15V，2A，35V·A	1
VD₁ ~ VD₆	二极管	1N4001	4
IC	集成稳压器	7805	1
VS	稳压管	5.6V	1
VT	晶体管	9015	1
C_1	电解电容	1000μF/25V	1
C_2	瓷片电容	0.1μF	1
C_3	电解电容	47μF/25V	1
R_1	电阻	430Ω	1
R_2	电阻	1kΩ	1
R_3	电阻	10kΩ	1
FU	熔断器	250mA/230V	1
	镍镉电池	9V	1
	电池盒		1
	接线端子	双端	1
	焊锡丝		若干
	焊接用细导线		若干
	万能实验板（或面包板）		每人一块

二、识别并检测电路中的元器件

1. 识别并检测电阻、电容

具体步骤如下：

1）从外观上识别电阻、电容，观察电阻、电容有无引脚折断、脱落、松动和损坏情况。

2）用万用表测量电阻的阻值，并与标称值比较完成表6-5。

3）用万用表检测电容的好坏，判别极性电解电容的正、负极，完成表6-6。

表6-5 识别并检测电阻

电阻编号	识别电阻的标志		实测电阻	判断好坏
	色 环	标 称 阻 值		
R_1				
R_2				
R_3				

表6-6 识别并检测电容

电容编号	外表标注	电容性能好坏
C_1		
C_2		
C_3		

2. 识别并检测二极管、晶体管和稳压管

具体步骤如下：

1）从外观特征识别二极管、晶体管和稳压管。

2）用万用表对本项目中的二极管、晶体管和稳压管进行检测。

3）将测量结果分别记录在表6-7和表6-8中。

表6-7 识别并检测二极管、晶体管和稳压管

编 号	型 号	管型判断	管子好坏	说明功能
VD_1				
VD_2				
VD_3				
VD_4				
VD_5				
VD_6				
VS				

表6-8 识别并检测晶体管

编 号	型 号	管型判断	β	管子好坏
VT				

3. 检测电源变压器

1）外观检测。了解变压器的外形和标志，掌握识别方法。观察变压器有无引脚折断、松动及损坏情况。

2）用万用表测量变压器的一、二次绕组的直流电阻；用兆欧表测量变压器的绝缘电阻；各测量结果都应为无穷大，否则变压器不能使用。

4. 检测三端稳压器

万用表检测方法：用 500 型万用表的 $R \times 1k$ 档测量三端稳压器各引脚间的电阻值，判断其好坏。7805、7806、7809、7812、7815、7824 的电阻值可参考表 6-9。

表 6-9　7800 系列产品各引脚间的电阻值

黑表笔位置	红表笔位置	正常阻值/kΩ	不正常电阻值
U_i	GND	15 ~ 45	
U_o	GND	4 ~ 12	
GND	U_i	4 ~ 6	0 或 ∞
GND	U_o	4 ~ 7	
U_i	U_o	30 ~ 50	
U_o	U_i	4.5 ~ 5.0	

三、制作直流稳压电源

1. 元器件的布局与装配

1）按照电路的原理图、装配图和元器件的外形尺寸、封装形式，将元器件在万能实验板上均匀布局。

2）元器件的装配工艺要求二极管、电阻均采用水平安装，元器件体紧贴电路板。

3）电容采用垂直安装方式焊接，安装时注意电解电容正负极。1000μF 滤波电容体积较大，实际安装时，应焊于电路板焊接面，即与其他元器件背向而装，焊好后横放。

4）电源变压器在安装中用螺钉紧固在万能实验板的正面上，一次绕组的引出线向外，二次绕组的引出线向内，万能实验板的另外两个角上也固定两个螺钉，紧固件的螺母均安装在焊接面。电源线从万能实验板焊接面穿过并打结，再与电源变压器的一次绕组引出线焊接并用绝缘胶布包扎。电源变压器二次绕组引出线插入安装孔后再焊接。

5）IC（7805）必须安装散热板，自制时可采用 3mm 厚的铝板，尺寸不小于 25mm × 30mm。

2. 焊接制作

1）对已完成装配的元器件应仔细检查，包括元器件的位置，电源变压器的一、二次绕组接线有无绝缘等。

2）焊接时应保证焊点无虚焊、漏焊等；检查有没有其他影响安全指标的缺陷等。

3. 通电调试

只要安装正确，焊接完成后，测得各电阻正常时，即可认为电路中无明显的短路现象。

（1）变压器部分　用万用表交流电压档，选择合适量程测电源变压器一次电压。

（2）整流滤波部分（断开稳压器）　用万用表直流电压档测整流输出电压和滤波输出电压值，并和原理值比较。

（3）稳压部分（接上稳压器） 用万用表直流电压档搭接于输出端，测量稳压电路输出电压，只要安装正确，焊接完成后，接通电源，IC 输出端就有 +5V 的电压输出，一般不需要调整。

【技能考核】

项目考核表见表6-10。

表6-10 项目考核表

学生姓名	教师姓名	名　称	
		制作直流稳压电源	
技能训练考核内容		考核标准	得分
仪器使用规范（10分）		能正确使用万用表、双踪示波器、低频信号发生器，错误一次扣2~5分	
电路中的元器件识别与检测（20分）		能够正确识别并检测各种元器件，识别错误、检测错误一次扣2分	
电路的装配制作（40分）		按顺序正确装配焊接元器件，顺序不对、工具使用不当一次扣2分，损坏元器件，每个扣2分	
通电调试（20分）		通电后成功运行及调试，失败一次扣10分	
报告（10分）		字迹清晰、内容完整、结论正确，一处不合格扣2~5分	
完成日期	年　月　日	总分	

【思考与练习】

6-1　填空题

（1）直流稳压电源是一个典型的电子系统，它由_____、_____、_____和_____四部分组成。

（2）整流滤波电路利用二极管的_____和电容的_____作用将交流电压转换成单向脉动且相对比较平滑的直流电压。

（3）半波整流电路的输出电压平均值 $U_{o(AV)}$ = _____；全波整流电路的输出电压平均值 $U_{o(AV)}$ = _____；桥式整流电路的输出电压平均值 $U_{o(AV)}$ = _____。

（4）桥式整流电容滤波电路的输出电压平均值 $U_{o(AV)}$ = _____。

（5）采用电容滤波电路时，为了得到比较平滑的输出电压，希望 $R_L C$ _____越好。

（6）集成三端稳压器7915的输出电压为_____V；7812的输出电压为_____V。

6-2　选择题

（1）整流的目的是（　　）。

A. 将交流变为直流　　B. 将高频变为低频　　C. 将正弦波变为方波

（2）在单相桥式整流电路中，若有一只整流管接反，则（　　）。

A. 输出电压约为 $2U_D$　　B. 输出变为半波直流　　C. 整流管将因电流过大而烧坏

（3）直流稳压电源中滤波电路的作用是（　　　）。

A. 将交流变为直流　　　B. 将高频变为低频　　　C. 将交、直流混合量中的交流成分滤掉

（4）滤波电路应选用（　　　）。

A. 高通滤波电路　　　　B. 低通滤波电路　　　　C. 带通滤波电路

（5）串联型稳压电路中的放大环节所放大的对象是（　　　）。

A. 基准电压　　　　　　B. 采样电压　　　　　　C. 基准电压与采样电压之差

6-3　判断题

（1）直流稳压电源是一种将正弦信号转换为直流信号的波形变换电路。　　　　（　　　）

（2）直流稳压电源是一种能量转换电路，它将交流能量转换为直流能量。　　　（　　　）

（3）在变压器二次电压和负载电阻相同的情况下，桥式整流电路的输出电流是半波整流电路输出电流的 2 倍，因此它们的整流管的平均电流比值为 2∶1。　　　　　　　　（　　　）

（4）当输入电压 U_I 和负载电流 I_L 变化时，稳压电路的输出电压是绝对不变的。（　　　）

（5）若 U_2 为电源变压器二次电压的有效值，则半波整流电容滤波电路和全波整流电容滤波电路在空载时的输出电压均为 $\sqrt{2}\,U_2$。　　　　　　　　　　　　　（　　　）

（6）一般情况下，开关稳压电路比线性稳压电路效率高。　　　　　　　　　　（　　　）

（7）整流电路可将正弦电压变为脉动的直流电压。　　　　　　　　　　　　　（　　　）

（8）电容滤波电路适用于小负载电流，而电感滤波电路适用于大负载电流。　　（　　　）

（9）在单相桥式整流电容滤波电路中，若有一只整流管断开，输出电压平均值变为原来的一半。　　　　　　　　　　　　　　　　　　　　　　　　　　　　　　　（　　　）

（10）线性直流稳压电源中的调整管工作在放大状态，开关直流电源中的调整管工作在开关状态。　　　　　　　　　　　　　　　　　　　　　　　　　　　　　　　（　　　）

6-4　如图 6-31 所示电路中，已知输出电压平均值 $U_{o(AV)} = 18V$，负载电流平均值 $I_{L(AV)} = 80mA$。试求：

（1）变压器二次电压有效值 U_2。

（2）设电网电压波动范围为 ±10%。在选择二极管的参数时，其最大整流电流平均值 I_F 和最高反向电压 U_{RM} 的下限值约为多少？

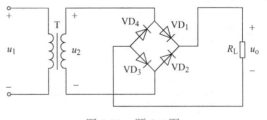

图 6-31　题 6-4 图

6-5　桥式整流滤波电路如图 6-32 所示，试问：

（1）输出电压 u_o 是正是负？在电路中标出电解电容的极性。

（2）当电路参数满足 $R_L C \gg (3 \sim 5)T/2$ 关系时，若要求输出电压 u_o 为 24V，u_2 的有效值是多少？

（3）若负载电流为 200mA，试求每个二极管流过的电流和最大反向电压 U_{RM}。

（4）当电容 C 开路或短路时，电路会出现什么后果？

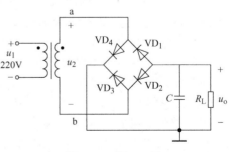

图 6-32　题 6-5 图

6-6　电路如图 6-33 所示。

（1）分别标出 u_{o1} 和 u_{o2} 对地的极性。

（2）u_{o1}、u_{o2} 分别是半波整流还是全波整流？

（3）当 $U_{21} = U_{22} = 20\text{V}$ 时，$U_{o1(AV)}$ 和 $U_{o2(AV)}$ 各为多少？

（4）当 $U_{21} = 18\text{V}$，$U_{22} = 22\text{V}$ 时，画出 u_{o1}、u_{o2} 的波形，并求出 $U_{o1(AV)}$ 和 $U_{o2(AV)}$ 各为多少？

6-7　串联型稳压电路如图 6-34 所示，设 A 为理想运算放大器，求：

（1）流过稳压管的电流 I_Z。

（2）输出电压平均值 $U_{o(AV)}$。

（3）R_3 为 $0 \sim 3\text{k}\Omega$ 时的最小输出电压 $U_{o(\min)}$ 及最大输出电压 $U_{o(\max)}$。

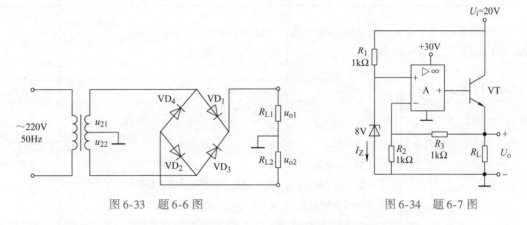

图 6-33　题 6-6 图　　　　　　　图 6-34　题 6-7 图

6-8　电路如图 6-35 所示，合理连线，使之构成 5V 的直流稳压电源。

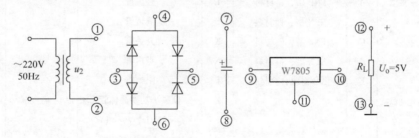

图 6-35　题 6-8 图

6-9　如图 6-36 所示电路中，$R_1 = 240\Omega$，$R_2 = 3\text{k}\Omega$，W117 输入端和输出端电压允许范围为 $3 \sim 40\text{V}$，输出端和调整端之间的电压 U_{REF} 为 1.25V。试求解输出电压的调节范围。

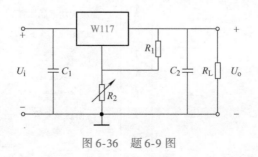

图 6-36　题 6-9 图

附　　录

附录A　半导体分立器件型号命名方法

第一部分		第二部分		第三部分		第四部分	第五部分
用阿拉伯数字表示器件的电极数目		用汉语拼音字母表示器件的材料和极性		用汉语拼音字母表示器件的类别		用阿拉伯数字表示登记顺序号	用汉语拼音字母表示规格号
符号	意义	符号	意义	符号	意义		
2	二极管	A	N型，锗材料	P	小信号管		
		B	P型，锗材料	H	混频管		
		C	N型，硅材料	V	检波管		
		D	P型，硅材料	W	电压调整管和电压基准管		
		E	化合物或合金材料	C	变容管		
				Z	整流管		
3	三极管	A	PNP型，锗材料	L	整流堆		
		B	NPN型，锗材料	S	隧道管		
		C	PNP型，硅材料	K	开关管		
		D	NPN型，硅材料	N	噪声管		
		E	化合物或合金材料	F	限幅管		
				X	低频小功率晶体管 $(f_a < 3\mathrm{MHz},\ P_C < 1\mathrm{W})$		
				G	高频小功率晶体管 $(f_a \geqslant 3\mathrm{MHz},\ P_C < 1\mathrm{W})$		
				D	低频大功率晶体管 $(f_a < 3\mathrm{MHz},\ P_C \geqslant 1\mathrm{W})$		
				A	高频大功率晶体管 $(f_a \geqslant 3\mathrm{MHz},\ P_C \geqslant 1\mathrm{W})$		
				T	闸流管		
				Y	体效应管		
				B	雪崩管		
				J	阶跃恢复管		

附录 B　常见半导体器件型号和主要参数

表 B-1　普通整流二极管

参数 型号	最大整流 电流/mA	最高反向工作 电压（峰值）/V	反向电流 /μA	最高工作 频率	结电容 /pF
2AP1	16	20	<250	150MHz	≤1
2AP2	16	30	<250	150MHz	≤1
2AP11	<25	10	<250	40MHz	≤1
2AP12	<25	10	<250	40MHz	≤1
2CZ54C	400	100	250	3kHz	
2CZ54D	400	200	250	3kHz	
2CZ54E	100	100	≤20	50kHz	
2CZ54F	100	200	≤20	50kHz	
2CZ55C	1A	100	≤600	≤3kHz	
2CZ56C	3A	100	≤1000	≤3kHz	

表 B-2　稳压二极管

参数 型号	稳定电压 U_Z/V	动态电阻 R_Z/Ω	温度系数 C_{TV}/($\times 10^{-4}$/℃)	工作电流 I_Z/mA	最大电流 I_{ZM}/mA	额定功耗 P_Z/W
2CW50	1.0~2.8	50	≥-9		83	
2CW51	2.5~3.5	60	≥-9		71	
2CW52	3.2~4.5	70	≥-8	10	55	0.25
2CW53	4.0~5.8	50	-6~4		41	
2CW54	5.5~6.5	30	-3~5		38	
2CW55	6.2~7.5	15	≤6		33	

表 B-3　晶体管

参数 型号	集电极最大 允许电流 I_{CM}/mA	集电极-发射 极击穿电压 U_{CEO}/V	基极最大 允许电流 I_{BM}/mA	集电极最大 允许功耗 P_{CM}/mW	电流放大 系数 β	集电极-发射 极反向电流 I_{CEO}/μA	集电极-发射 极饱和电压 U_{CES}/V	晶体管 类型
3DG8050	1500	25	500	800	85~300	1	0.5	NPN
3DG8550	1500	-25	500	800	85~300	1	0.5	PNP
9011	30	30	10	400	28~198	0.2	0.3	NPN
9012	500	-20	100	625	64~202	1	0.6	NPN
9013	500	20	100	625	64~202	1	0.6	PNP
9014	100	45	100	450	60~1000	1	0.3	NPN
9015	100	-45	100	450	60~600	1	0.7	NPN
9016	25	20	5	400	28~198	1	0.3	NPN
9018	50	15	10	400	28~198	0.1	0.5	PNP

附录 C 集成电路型号命名方法和型号举例

表 C-1 国产半导体集成电路型号命名方法

第 0 部分		第一部分		第二部分	第三部分		第四部分	
用字母表示器件符合国家标准		用字母表示器件的类型		用阿拉伯数字和字符表示器件的系列和品种代号	用字母表示器件的工作温度范围		用字母表示器件的封装	
符号	意义	符号	意义		符号	意义	符号	意义
C	符合国家标准	T	TTL 电路		C	0 ~ 70℃	F	多层陶瓷扁平
		H	HTL 电路		G	−25 ~ 70℃	B	塑料扁平
		E	ECL 电路		L	−25 ~ 85℃	H	黑瓷扁平
		C	CMOS 电路		E	−40 ~ 85℃	D	多层陶瓷双列直插
		M	存储器		R	−55 ~ 85℃	J	黑瓷双列直插
		μ	微型机电路		M	−55 ~ 125℃	P	塑料双列直插
		F	线性放大器				S	塑料单列直插
		W	稳压器				K	金属菱形
		B	非线性电路				T	金属圆形
		J	接口电路				C	陶瓷片状载体
		AD	A – D 转换器				E	塑料片状载体
		DA	D – A 转换器				G	网格阵列
		D	音响、电视电路					
		SC	通信专用电路					
		SS	敏感电路					
		SW	钟表电路					

表 C-2 集成运算放大器

分类			国内型号举例	对应国外型号
通用型	Ⅲ型单运放		CF741	LM741、μA741、AD741
	双运放	单电源	CF158/258/358	LM158/258/358
		双电源	CF1558/1458	LM1558/1458、MC1558/1458
	四运放	单电源	CF124/224/324	LM124/224/324
		双电源	CF148/248/348	LM148/248/348
专用型	低功耗		CF253	μPC253
			CF7611/7621/7631/7641	ICL7611/7621/7631/7641
	高精度		CF725	LM725、μA725、μPC725
			CF7600/7601	ICL7600/7601
	高阻抗		CF3140	CA3140
			CF351/353/354/347	LF351/353/354/347
	高速		CF2500/2505	HA2500/2505
			CF715	μA715

（续）

分　类		国内型号举例	对应国外型号
专用型	宽带	CF1520/1420	MC1520/1420
	高电压	CF1536/1436	MC1536/1436
	跨导型	CF3080	LM3080、CA3080
	电流型	CF2900/3900	LM2900/3900
	程控型	CF4250、CF13080	LM4250、LM13080
	电压跟随器	CF110/210/310	LM110/210/310

注：AD——美国模拟器件公司；CA——美国无线电公司；HA——日本日立公司；ICL——美国英特尔公司；LM、LF——美国国家半导体公司；MC——美国摩托罗拉公司；μA——美国仙童公司；μPC——日本电气公司。

参 考 文 献

[1] 童诗白，华成英. 模拟电子技术基础 [M]. 5版. 北京：高等教育出版社，2015.
[2] 张宪，张大鹏. 电子电路识读与应用 [M]. 北京：化学工业出版社，2015.
[3] 张培忠，李雄杰. 实用电源分析设计与制作 [M]. 北京：电子工业出版社，2015.
[4] 刘文革. 实用电工电子技术基础 [M]. 2版. 北京：中国铁道出版社，2016.
[5] 苏丽萍. 电子技术基础 [M]. 3版. 西安：西安电子科技大学出版社，2012.
[6] 王成安. 电子产品工艺与实训 [M]. 2版. 北京：机械工业出版社，2016.
[7] 梅开乡，梅军进. 电子电路设计与制作 [M]. 北京：北京理工大学出版社，2010.
[8] 姜俐侠. 模拟电子技术项目式教程 [M]. 北京：机械工业出版社，2011.
[9] 杨凌. 模拟电子线路 [M]. 北京：清华大学出版社，2015.